1. 国家自然科学基金青年基金项目：基于多智能体仿真分析的城市 "阴影区" 动态识别与消长机理研究——以南京为例（52208063）
2. 江苏省自然科学基金青年基金项目：基于多源大数据的城市 "阴影区" 动态演变机理与规划应对研究——以南京为例（BK20220424）
3. 中国博士后科学基金面上资助项目：城市阴影区 "建成环境－人群活动" 的作用机理与模拟优化研究（2024M761428）

国家出版基金项目
NATIONAL PUBLICATION FOUNDATION
全国高校出版社主题出版

城市设计研究 /1
数字·智能城市研究

杨俊宴 主编

洞察：
城市阴影区时空演化模式与机制

熊伟婷　杨俊宴 著

东南大学出版社·南京

·作者简介·

熊伟婷

　　南京林业大学风景园林学院讲师、硕士生导师、江苏省双创博士。本硕博均毕业于东南大学，美国麻省理工媒体实验室（Media Lab）联合培养博士，从事大数据与城市空间形态、城市开放空间研究。近年来主持国家自然科学基金项目1项、江苏省自然科学基金项目1项、中国博士后科学基金面上资助项目1项、市厅级规划课题4项，获美国发明专利授权1项、中国发明专利授权4项，在国内外权威杂志和会议发表论文20余篇。先后获全国优秀城乡规划设计奖（城市规划）一等奖、广东省优秀城乡规划设计奖（城市规划）一等奖、江苏省优秀国土空间规划（城乡规划）奖一等奖、江苏省土木建筑学会建筑创作奖城市设计（含风景园林）一等奖、上海市人民政府发展研究中心优秀成果奖二等奖等，并指导学生获未来设计师·全国高校数字艺术设计大赛三等奖、全国大学生国土空间规划设计竞赛佳作奖等奖励。

杨俊宴

　　国家级人才特聘教授，东南大学首席教授、东南大学智慧城市研究院副院长，国际城市与区域规划师学会（ISOCARP）学术委员会委员，中国建筑学会高层建筑与人居环境学术委员会副主任，中国城市规划学会流域空间规划学术委员会副主任，中国城市科学研究会城市更新专业委员会副主任，住建部城市设计专业委员会委员，自然资源部高层次科技领军人才。中国首届科学探索奖获得者，Frontiers of Architectural Research 期刊编委，研究重点为智能化城市设计。主持7项国家自然科学基金（含重点项目和重大项目课题），发表论文200余篇，出版学术著作12部，获得美国、欧盟和中国发明专利授权57项，主持和合作完成的项目先后获奖52项。牵头获得 ISOCARP 卓越设计金奖、江苏省科学技术一等奖、住建部华夏科技一等奖和全国优秀规划设计一等奖等。

·序言·

PREAMBLE

今天，随着全球城市化率的逐年提高，城市已经成为世界上大多数人的工作场所和生活家园。在数字化时代，由于网络数字媒体的日益普及，人们的生活世界和社会关系正在发生深刻的变化，近在咫尺的人们实际可能毫不相关，而千里之外的人们却可能在赛博空间畅通交流、亲密无间。这种不确定性使得现代城市充满了生活的张力和无限的魅力，越来越呈现出即时性、多维度和多样化的数据属性。

以大数据、5G、云计算、万物互联（IoT）等数字基础设施所支撑的社会将会呈现泛在、智能、精细等主要特征。人类正在经历从一个空间尺度可确定感知的连续性时代发展到界域认知模糊的不确定性的时代的转变。在城市设计方面，通过多源数据的挖掘、治理、整合和交叉验证，以及针对特定设计要求的数据信息颗粒精度的人为设置，人们已可初步看到城市物理形态"一果多因"背后的建构机理及各种成因互动的底层逻辑。随着虚拟现实（VR）、增强现实（AR）和混合现实（MR）的出现，人机之间的"主从关系"已经边界模糊。例如，传统的图解静力学在近年"万物皆数"的时代中，由于算法工具和可视化技术得到了质的飞跃，其方法体系中原来受到限制的部分——"维度"与"效率"得到重要突破。对于城市这个复杂巨系统，调适和引导的"人工干预"能力和有效性也有了重大提升。

"数字·智能城市研究"丛书基于东南大学杨俊宴教授团队在城市研究、城市设计实践等方向多年的产学研成果和经验积累，以国家层面大战略需求和科技创新要求为目标导向，系统阐述了数字化背景下的城市规划设计理论与方法研究，探索了智能城市设计、建设与规划管控新技术路径。丛书将作者团队累积十余年的城市空间理论研究成果、数智技术研发成果和工程实践应用成果进行了系统性整理，包含了《形构：城市形态类型的大尺度建模解析》《洞察：城市阴影区时空演化模式与机制》《感知：城市意象的形成机理与智能解析》《关联：城市形态复杂性的测度模型与建构机理》

和《实施：城市设计数字化管控平台研究》五本分册。从城市空间数智化研究的理论、方法和实践三个方面，详细介绍了具有自主知识产权的创新成果、前沿技术和代表性应用，为城市规划研究与实践提供了新技术、新理论与新方法，是第四代数字化城市设计理论中的重要学术创新成果，对于从"数据科学"的视角，客观精细地研究城市复杂空间，洞察城市运行规律，进而智能高效地进行规划设计介入，提升城市规划设计的深度、精度、效度具有重要的专业指导意义，也为城市规划研究及实践提供了有力支持，促进了高质量、可持续的城市建设。

今天的数字化城市设计融合了建筑学、城乡规划学、地理学、传媒学、社会学、交通和建筑物理等多元学科专业，已经可以对跨领域、多尺度、超出个体认知和识别能力的城市设计客体，做出越来越接近真实和规律性的描述和认识概括。同时，大模型与 AIGC 技术也将可能引发城市规划与设计的技术范式变革。面向未来，城市设计的科学属性正在被重新定义和揭示，城市设计学科和专业也会因此实现跨越式的重要拓展，该丛书在这方面已进行了卓有成效的探索，希望作者团队围绕智能城市设计领域不断推出新的原创成果。

中国工程院院士
东南大学建筑学院教授

·前 言·

党的二十大报告做出了"加快转变超大特大城市发展方式，实施城市更新行动，加强城市基础设施建设，打造宜居、韧性、智慧城市"的重要论述，其中城市阴影区作为快速城镇化发展过程中城市空间长期不平衡不充分发展所形成的一种相对普遍的空间，一直是城市更新的难点与痛点。本书聚焦城市阴影区，在其显性与静态的空间形态特征基础上，对其内在功能属性及关联的动态演变展开研究，并依托人群活动规律来探究其时空演化模式与机制，以更好助力人本视角下城市阴影区更新。针对城市阴影区这一研究对象，本书的研究主要围绕以下五部分内容展开：

（1）构建城市阴影区时空演化模式与机制的理论框架

研究以流空间与动态网络理论为依托，验证城市动态网络的实际存在与空间表征，推演从传统静态到动态网络视角转变下，城市空间结构演化的驱动机制与时空特征；分析传统静态视角下城市阴影区空间现象的发现、形成机制与关联特征，以及动态网络视角下其时空响应路径、空间效应及多模式下的发展影响；分析整体空间研究的视角转变带来的基本特征，进而深化其理论内涵与实践意义，提出从"传统静态"到"动态网络"的城市阴影区时空演化模式与机制的理论框架。

（2）梳理城市阴影区的基本概念，探索其空间边界进行测度与界定方法

分析从"传统静态"到"动态网络"研究视角转变过程中城市阴影区的概念差异，探讨在传统静态界定方法基础上，加入人群密度等流动性要素的动静结合界定方法。从空间区位、建设强度、公共服务设施和人群活力四个方面构建指标体系，进行城市阴影区相关指标测算结果的空间叠加；研究各城市阴影区片区的空间边界识别与划定，并加以实地踏勘与调研，探究各片区空间本质特征。

（3）研究基于流动性的南京城市阴影区时空演化要素动态变化特征

基于手机信令大数据，针对南京中心城区样本构建以街区为基本节点、以街区间的人群流动强度为边的城市动态网络，并分析其空间结构的基本特征；按照"从整体到局部、从外围到内在"的一般分析思路，建构起动态网络视角下，城市阴影区空间结构特征分析的联系强度、联系距离与联系方向的具体分析三要素；凝练城市阴影区对外联系强度的动态空间结构特征、城市阴影区与其他片区之间联系强度的动态空间结构特征以及城市阴影区内部各街区之间联系强度的动态空间结构特征。

（4）研究基于动态网络的南京城市阴影区时空演化模式与重构规律

建立"解构—重构—建构"的城市阴影区时空演化模式系统分析，将动态网络视角下城市阴影区按照空间属性、动态波动及网络联系三方面的结构特征解构，并刻画出其综合作用下的二元对立与互动统一的整体空间模式模型；对于这一理论模型导控下的城市阴影区内在规律进行总结，就不同规律进行内在机制的针对性探讨，以期加深人群流动所带来城市阴影区的动态网络关联认知。

（5）提出城市阴影区的动态消解与智慧发展规划建议

提出对城市阴影区负面效应的动态消解理念，并企图建构出一个与城市整体各个空间系统层面动态网络联系之下的演化秩序；分析城市阴影区动态消解的理念转变、措施途径以及理想状态，并就相关城市案例进行具体的应用研究剖析。

·目 录·
CONTENTS

3 城市阴影区的空间边界识别与基本类型 / 079

4 城市阴影区时空演化要素的动态变化特征 / 111

5 城市阴影区时空演化模式关系与重构规律 / 147

6 城市阴影区的动态消解与智慧发展规划 / 187

城市阴影区的研究背景、动态与框架

·1·

1.1 城市阴影区的研究背景概述

1.1.1 城市阴影区的宏观政策研究背景

实施城市更新行动是党的十九届五中全会作出的重要部署，也是国家"十四五"规划纲要明确提出的 102 项重大工程项目之一。作为现代经济发展与社会生活的重要载体，城市已成为国家参与全球经济竞争的基本单元，因而推动城市高质量发展对实现我国经济高质量发展具有至关重要的作用。高质量发展的内涵十分丰富，因地区不同、领域不同和部门不同而不同。在习近平总书记提出的"坚持人民城市人民建，人民城市为人民"的理念指导下，解决"不平衡不充分"的问题应成为地方政府推动城市高质量发展的基本出发点。

在过去十多年的快速城镇化进程中，城市空间的"不平衡不充分"发展已成为许多城市特别是特大城市空间演变的显著特征之一，也成为制约城市高质量发展的关键瓶颈之一 [1,2]。而由于城市空间不平衡不充分发展所形成的"灯下黑"地区一直是城市更新的难点与痛点 [3,4]，与之相关的棚户区和老旧小区改造等问题也时常受到《人民日报》《光明日报》等国家级媒体的评论与报道，如《人民日报》曾从 2020 年 7 月 31 日起推出有关城镇老旧小区改造如何满足人民群众美好生活需要的系列评论。当前，学术界有关城市"灯下黑"问题的探讨主要使用"阴影区"这一概念 [5,6,7]。事实上，随着我国城镇化的不断转型，在快速城镇化阶段形成的城市空间非均衡甚至极化发展的问题已日益显现，许多城市在核心片区的周边地段普遍出现了以"建筑低密、业态低档、功能低端"等为主要特征的城市阴影区现象。这一现象是城市空间"不平衡不充分"发展的一个具体写照，并在我国大都市空间发展过程中普遍存在。

在高质量发展、存量更新等新时代背景的推动下，围绕城市阴影区现象及其关联的城市更新等方面的研究近年来已逐渐受到城乡规划学界的关注[7,8]。相关研究主要对城市阴影区的内涵定义与识别方法、空间模式与结构特征、影响因素与演化机理、消解机制与更新策略等进行了探讨，为科学认识城市阴影区的空间发展规律奠定了较好基础，但同时也衍生出许多迫切需要进一步解决的科学问题。在此背景下，深入研究城市阴影区的时空演化模式与机制有助于更准确地把握城市阴影区的形成与演化规律，为科学合理地提出城市阴影区的发展对策提供学理依据，对推动城市高质量发展具有十分重要的理论意义。

1.1.2 城市阴影区的现实理论研究背景

在信息通信方式不断进步、交通出行方式不断变革的时代背景下，城市内部、城市之间、区域之间、国家之间等不同尺度上各类要素的流动（如人流、物流、信息流、资金流、技术流等）更加频繁、联系更加紧密、类型更加多样[9]，极大地改变了城市和区域空间结构的表现形式[10]。西班牙裔社会学家卡斯特（Manuel Castells）将这一全新的空间表现形式称为"流空间（space of flow）"[11]。卡斯特认为，传统意义上基于物理邻近原则所建构的"场所空间"被"流空间"所取代，空间变成了共享时间的社会实践的物质组织，其组织形式具体可以表现为以下三个方面：① 连接方式不一定呈现由高到低的等级化模式；② 地缘和距离对联系的影响减弱，区位自由度提高；③ 联系通道呈现多样化，联系要素表现出节点特征，联系模式慢慢趋向于网络化。

就城市内部而言，"流空间"的出现推动了城市空间结构由静态化和等级化向动态化和网络化的演变，并对城市阴影区的空间发展产生了深刻影响。一方面，由于人们对社会生活模式和交通出行方式的选择更加丰富、偏好更加多元，城市空间结构不再表现为传统的静态化特征，城市可能在一天的不同时点（如早晚高峰）、一周的不同日期（如工作日和节假日）、一年的不同季节呈现出不同的空间结构特征。换言之，城市的空间结构不再是传统意义上相对固定的功能分区形式，而是一个不断演变的动态化过程[12]。城市空间结构由静态化向动态化转变的过程对城市阴影区的影响在于，城市阴影区在城市空间发展和空间结构形成过程中所起到的作用也可能处于不断变化之中。另一方面，由于各类要素的高频快速流动，城市空间结构不再表现为传统的等级化特征，城市中心区、阴影区、次中心区、边缘区等位于城市不同区位的各类空间相互联系形成复杂的网络结构。在这种网络结构的影响下，城市中心区不再是城市所有功能叠加的区域，城市的部分功能出现向阴影和边缘区转移的趋势。城市空间结构由等级化向网络化转变的过程对城市阴影区的影响在于，城市阴影区与城市中心区之间也可能存在较为紧密的联系，并在城市内部网络结构中扮演较为重要的角色。总体而言，在城市空间结构向动态化和网络化演变的趋势下，传统的从静态化和等级化视角研究城市阴影区并不一定能全面理解城市阴影区的空间发展。

值得一提的是，推动城市阴影区的更新不仅需要关注如何从物质空间层面对其进行消解，也需要加强对阴影区自身时空演化规律的探讨。城市阴影区通常包含棚户区、老旧小区、工业遗存、历史街区等多种需要更新的空间类型，涉及居民、游客、企业、政府等不同利益主体，同时也是存量规划时代我国城市内部空间中为数不多的"高值低价"地区。因此，城市阴影区具有空间类型多样、利益主体多元、人本需求复杂、更新价值长远等特点，单纯从物质空间层面对其进行消解并不足以支撑城市阴影区的高质量发展，也不能有效支撑阴影区的存量更新。从人群流动的视角出发，城市阴影区范围的动态变化使得阴影区呈现出时空演化的特征，其本质上是由于人群活动行为与阴影区物质空间环境之间的动态交互作用。因此，对城市阴影区时空演化规律的探讨有利于进一步加强对这一动态交互作用的科学认识。此外，随着新时代背景下城市更新在目标上更强调以人民为中心 [3,13]，探讨城市阴影区的时空演化规律也有利于为人本视角下的城市阴影区更新提供理论依据。

基于上述研究背景，本书以当前在我国许多城市普遍存在但受关注相对较少的城市阴影区为研究对象，以数字化分析技术为主要支撑，通过剖析人群活动行为与物质空间环境之间的动态交互作用，对城市阴影区的时空演化与机制开展研究，以期进一步拓展对城市阴影区空间发展规律的科学认识并提出相应的规划策略。

1.2 城市阴影区的概念与研究综述

1.2.1 城市阴影区的基本概念解析

影，又称影子、阴影，英文中对应的单词为"shadow"，维基百科中对其的定义是：光线被不透明物体阻挡而产生黑暗范围的物理现象。阴影区则相应地可理解为其中的黑暗范围。"灯下黑"是与阴影区非常相似的一个概念，百度百科将其定义为灯具下面的阴暗区域，引申含义为对发生在身边很近的事物和事件反而不能察觉。近年来，阴影区这一概念被国内很多学者引入地理学与城乡规划学领域的相关研究中。例如，张全景将阴影区与特定活动类型结合，提出如"旅游阴影区"的概念，将其解释为由于旅游热点景区的阻滞或屏蔽作用而形成的旅游行为减值区，并认为其多出现在旅游热点周围一定距离的空间范围之内，一般为旅游温点或冷点的地区[14]。除此之外，阴影区这一概念还被应用于不同空间尺度的空间实体研究中。微观尺度下，如赵庆楠、李婧对"建筑阴影区"的研究[15]，杨俊宴、胡昕宇对"中心区阴影区"的研究[16]；中观尺度下，如杨俊宴、马奔对"城市阴影区"的研究[7]；宏观尺度下，如张京祥、庄林德对"大都市阴影区"的研究[5]，孙建欣、林永新对"发展阴影区"的研究[17]，赵丹对"城市群阴影区"的研究[18]；等等（如表1.1所示）。不论是宏观尺度以城市或者小城镇为基本单元的研究，还是微观尺度细分到用地地块导向的研究，虽因发展背景、所处地域环境的差异而定义不同，但共同之处在于依存于相对稳固的实体或者中心但发展衰败，这也是国内学者对于阴影区的概念认知的一致观点，是其本质含义。基于此，各学者所建构的中心—边缘基本模式对本书聚焦的城市阴影区的空间界定提供了重要的理论支持及借鉴价值。

表1.1 阴影区相关概念梳理

概念名词	相关定义	特征/分类	图示
建筑阴影区（赵庆楠、李婧）	建筑物周边区域由于日照作用，处于一定阴影面积内的户外环境	永久阴影区、一般阴影区和近阴影区	近阴影区 一般阴影区 永久阴影区
中心区阴影区（杨俊宴、胡昕宇）	在紧邻核心的中心地区，却出现大片发展程度低、公共设施零散、业态低档、建筑形态老旧的街区，与邻近的主核公共设施建筑形成鲜明对比	典型空间形态模式有环状分布、组团分布、碎片分布等	亚核　亚核 阴影区 亚核　主核　亚核 亚核　亚核 圈核中心区内的环状阴影区

概念名词	相关定义	特征 / 分类	图示
城市阴影区（杨俊宴、马奔）	城市发展过程中自然形成的一种空间类型，紧邻中心区却呈现低强度开发、公共服务设施配套滞后、人居环境恶化等特征	按照时空分布可划分为人多业密但空间离散、人多业少但空间混杂、人少业密、人少业少四种模式	 人多业密结构模式
大都市阴影区（张京祥、庄林德）	当大城市处于集聚发展为主导的时期，各类要素表现出强烈的向中心城市集聚的特征，而中心城市周边小城镇的发展会受到抑制的现象	受小城镇自身产生的一定凝聚力、来自中心城市核心区的吸引力以及国家、地区政府的刺激三种作用力影响	
城市群阴影区（赵丹）	随着全球化、市场化与分权化进程，城市群的空间发展呈现出多中心趋势，位于城市群中两个中心城市中间区位的城市在双向的"阴影区"效应叠加下，往往受到更大的制约，呈现出"城市群阴影区"特征	与城市群整体发展水平不匹配；多处于两大城市辐射范围交界处；区域发展谷地；负虹吸效应；阴影区城市的区域竞争逐步加剧	

除上述不同尺度下与阴影区相关的概念外，容易与阴影区混淆的概念还有棚户区、城中村等，这些概念看似与阴影区所指向的物质空间相似，但存在本质上的差别。具体而言，棚户区一般指的是具有平房密度大、房屋质量差、使用年限久以及基础设施配套不齐全、环境比较脏乱等特点的区域[19]。城中村存在广义和狭义之分，广义上的城中村被认为是在城市高速发展进程中，滞后于时代发展步伐、游离于现代城市管理之外、生活水平低下的居民区；狭义上的城中村指农村村落在城市化进程中，由于全部或大部分耕地被征用，农民转为居民后仍在原来村落居住而演变的居民区[20]。虽然棚户区和城中村这两者均具有"脏、乱、差"的共同特性，但它们不一定能被纳入阴影区的范围内，彼此之间存在的

是不充分也不必要关系。李晓楠认为，城市阴影区在一般情况下会存有一定的城中村、城中废弃厂房等[21]。

相较而言，国外学者对阴影区的理解大多聚焦在大都市或者城市群尺度，其更倾向于城乡之间的交界地带。例如，加拿大学者麦吉（McGee）在 20 世纪 80 年代提出城乡接合部（desakota）这一概念，用以总结亚洲发展中地区的城市与乡村两种空间类型在经济发展过程中的相互作用及其空间表现[22]。Sharma 等人认为城市阴影区是城乡住区之间的纽带，因其具有廉价的土地、较好的交通可达性、基础设施等条件而成为经济活动的中心[23]；Mustak 等人运用 AHP 方法建构了城市化指数（urbanity index），进而将整个城市划分为城市区域、乡村区域以及城市阴影区[24]。

从已有研究对于阴影区的概念解析可以看出，目前城乡规划与地理学界对于阴影区的研究主要集中在宏观尺度的大都市阴影区及微观尺度的中心区阴影区两个层面，对于城市本体空间这一中观尺度阴影区的研究相对较少。基于此，为丰富阴影区研究的广度与深度，本书以城市阴影区为具体研究对象，并将其定义为"在全城尺度紧邻城市核心片区但在开发强度、建筑密度等空间形态方面处于相对劣势状态的地区"。根据上述定义，本书认为城市阴影区具有如下三个方面的特征：①尽管空间尺度的差异性映射到阴影区这一本体上呈现出不同的空间组织形态，但城市阴影区与其他空间尺度的阴影区具有一定的共性特点，均是由于受邻近核心城市、节点或片区的影响而导致要素流动、功能交换等在相关地区受到阻碍，进而形成发展相对劣势的状态；②城市阴影区是一个相对概念，换言之，城市阴影区与非阴影区在一定程度上是动态变化的，两者可能由于时空的变迁而交替演变；③在多重因素的引导下，城市阴影区趋向于一种复合发展的态势，具体涵盖人群行为、产业布局、空间形态等多元驱动系统，因此，对于城市阴影区的研究需要从多层次、多维度进行综合研究探索。

1.2.2 城市阴影区的动态网络特征

"动态"一词按字面意思可理解为事情变化发展的情况或者活动中的状态、状况，若将之置于城市空间研究的背景下，则可以指城市动态空间。城市作为一个复杂的系统，不仅包含静态的、相对稳定不变的物质要素，如建筑、用地、交通路网、基础设施等建成环境，也涵盖与之相对应的城市动态空间，它指向的是一种因人流、物流、信息流等要素在时空层面的流动变化而产生的流动空间（如图 1.1）。城市动态空间与静态空间两者存在相互影响与制约的互动关系，后者是前者存在的基础载体，在一定程度上能决定前者的存在形态；同时前者也会对后者提供不断的反馈，一起达到更好的优化效果。

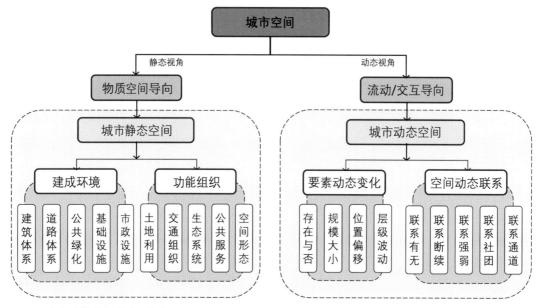

图 1.1 城市动静空间的内涵解析

　　城市动态空间的研究可应用于城市规划、商业用户喜好推荐、交通预测、疾病传播等诸多方面，其中最为根本的是人群移动的变化所引发的城市空间的动态变化。城市动态空间不仅仅指向某一空间范畴内人群密度的时空变化，同时人群日常通勤及其他社会经济活动带来的移动与活动都是城市空间动态演变的重要组成部分[25,26]。可以说，城市复杂系统研究的一个重要方面便是城市空间的动态检测，它是将各静态要素系统关联、组合、作用的关键所在。

　　"网络"一词最早源于电学，指向的是使电信号按照一定要求传输的电路或电路的部分。时至今日，网络在不同语境下已衍化出多重意义，如生物神经网络、人工神经网络、电脑网络、资讯网络、社会网络等。网络研究与表达的数学基础是图论，它也是将现实复杂关系抽象成可定性或定量分析的数学语言之关键所在。空间网络是在这一图论基础上，加以诸如地理位置、空间距离等地理信息要素，从而研究其空间分布及拓扑关系[27]。近年来，网络这一概念被广泛应用于城市研究的相关语境中，形成了所谓的"城市网络"研究学派。国内外学者围绕"城市网络"这一主题开展了大量研究，但相关研究主要集中在全球尺度的世界城市网络（world city networks）[28] 以及城市群尺度的多中心城市区域（polycentric urban regions）[29,30,31,32]，对城市内部的网络结构研究关注较少。尽管存在尺度差异，城市网络一般可以理解为在一定尺度范围内，城市及其组成元素在空间交互过程中按照客观要求通过协作与联系而形成的一个不可分割的有机体系[33]。就城市内部网络而言，各要素在城市内部空间上展开有规律的分布，形成其内部空间结构，同时各要素之间是相互联系的[34]，它们通过各种"流"的形式实现物质与能量的交换，从而实现城市空间结构系统的开放性[35]。

"动态"与"网络"对城市空间建构的作用同等重要，两者本质上是相伴相生的关系[36]。"动态"是"网络"形成的基础，而"网络"则是"动态"的现实表征[37]，两者共同推动城市内部空间结构从静态等级化向动态网络化的转变。具体而言，城市动态网络具有三层含义：①构成城市内部空间结构的子要素在时间上的动态变化性，具体包括要素随着时间推移在规模大小、存在与否、地理重心等方面的变化；②这些空间要素因空间交互、相互联动过程而产生的联系动态变化，具体包括联系的有无、强弱、断续等，以及由联系带来的凝聚社团的变化；③在城市内部流动要素的影响作用下，其基本空间要素逐渐变为节点、连线与网络。

作为城市内部空间结构的重要组成部分，阴影区在城市内部空间结构向动态网络化演变过程中，必然表现出与其他传统的静态等级化结构不一样的结构特征、空间模式与消解机制。因此，有必要从动态网络视角对城市阴影区的空间发展规律开展系统深入研究，进一步丰富学术界对阴影区研究的深度与广度。

1.2.3 国内外相关研究的综述与述评

阴影区的研究历来是城市规划、城市地理、区域科学等领域的学者关注的重点内容之一。传统阴影区的研究多从相对静态等级化的视角出发，将其作为一个发展相对稳定的空间实体，但随着全球化、信息化的影响，流动与联系给城市与城市、城市内部各要素的空间组织带来较大冲击力，从而衍生出动态网络结构，这也带来了阴影区研究的视角转变。基于此，本节分别从阴影区的空间本体研究、城市动态空间结构研究、城市内部网络结构研究这三个方面对相关研究进行综述，以期挖掘已有研究之间的内在关联，并从中总结出对本书的借鉴之处与未来需要进一步拓展的研究方向。

1）阴影区的空间本体研究
（1）阴影区的空间范围界定及特征研究

阴影区的空间范围界定是对阴影区开展系统深入研究的基础，因此也成为国内外学者关注的重点领域。整体而言，阴影区的空间范围界定在不同尺度下存在出发点、界定方法、空间边界精细程度等方面的差异。

按照研究所关注的尺度不同，国内学者对阴影区的空间范围界定基本可以划分为城市群阴影区、城市阴影区以及中心区阴影区这三类。就城市群阴影区而言，国内学者多从联系的视角出发，力求找寻中心城市的影响圈层与范围，从而对其辐射效应下的"大都市阴影区"或者"发展阴影区"进行界定。已有研究中，断裂点公式、K-means 聚类分析以及空间自相关分析等方法较为常用。例如，潘竟虎等从区域—城市关系及城市间联系的角度，聚焦到中心城市与周边城市间的集聚—辐射组合关系视角，以京津冀都市圈为研究对象，利用 Huff 模型、K-means 聚类分析和空间自相关分析等方法对都市圈的影响圈层与范围进行划定，并进一步对其中的"阴影区"及"半阴影区"的空间范畴进行了细分[38]。孙东琪等基于产业空间联系视角，引入感应度系数和影响力系数，识别出京津冀城市群中邻近中心城市北京、天津且经济水平较之于中心城市明显落后的区域，将其界定为"大都市阴影区"[6]。施一峰等引入城市综合发展联系强度及城市断裂点计算方法，对京津冀城市群阴影区进行了实证研究[39]。陈果等基于国外发达城市圈层发展的经验，简单地将中心城 30 km 半径范围之外的区域划定为双流小城镇的发展阴影区范围[40]。与宏观尺度下的阴影区界定研究相比，中微观尺度下的阴影区界定研究成果相对较少。就中观层面城市阴影区的研究而言，杨俊宴、马奔试图突破传统以空间来研究空间的局限，从城市阴影区在人群活动、空间形态及功能业态这三个方面的根本特征出发，采用多源大数据综合集成方法，基于"人—地—业"三重视角对上海城市阴影区进行精细化的空间范围界定[7]。在有关中心区阴影区的范围界定方面，杨俊宴、胡昕宇针对中心区阴影区在公共设施、区位空间及建筑形态方面的内涵设定相应界定门槛，并将其整合为整体界定法，将中心区按照街区分布分解为硬核—基质—边缘的圈层模型，基于此，划定低于中心区平均容积率以及低于中心区公共设施密度指数 50% 的地块为阴影区的空间范围[16]。

从上文对阴影区的基本概念界定可知，由于中英文语义的理解差异，国外学者对阴影区的理解更偏向于边缘区这一概念，故对其空间边界界定的相关研究与本书所关注的阴影区存在一定差异，故在此不做赘述。但值得一提的是，不论是对哪类空间进行界定，将其置于区域或城市整体环境进行剖析是对其进行空间边界界定的前提和基础。

（2）阴影区的模式与机制研究

对于大都市阴影区的生成机制而言，张京祥、庄林德较早提出"三个作用力"的解释框架[5]：①小城镇自身产生的一定凝聚力（Ft），主要来自小城镇的自然与人文环境、城镇规模、基础设施水平等的吸引，其效果是促使社会经济要素留在这些小城镇；②来自中心城市核心区的吸引力（Fc）；③国家、地区政府的刺激（Fp）。中心城市边缘小镇便是在这三种力量的作用机制下动态发展变化（如图 1.2）。在此基础上，相关学者进行了一定的扩展研究，如施一峰等结合多中心共同影响下的大都市多重阴影区的基本特征，对其演化机制模型中的中心城市核心区吸引细分为区域中心城市与区域次中心城市的吸引力，并基于此进行了多情景的模拟分析[39]。程同升研究了南京大都市阴影区的演变特征，认为中心城市的扩散机制、外向型经济的推动以及政策因素的影响是其变化的内部动力机制[41]。

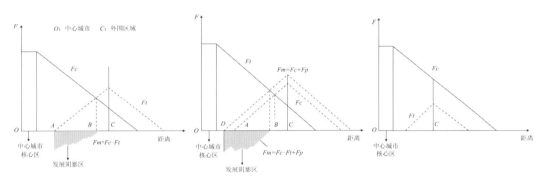

图 1.2 大都市阴影区产生机制示意
资料来源：张京祥，庄林德. 大都市阴影区演化机理及对策研究 [J]. 南京大学学报（自然科学版）,2000(6):687-692.

对中观尺度的城市阴影区而言，杨俊宴、马奔在对上海城市阴影区空间范围界定的基础上，从人群集聚和主导业态两个层面的密度分布特征出发，进一步将上海城市阴影区的空间模式划分为人多业密但空间离散模式、人多业少但空间混杂模式、人少业密模式以及人少业少模式四种类型[7]（如图 1.3），并认为上海城市阴影区在空间形态、人群活动和业态分布等方面均具有外围隆起特征、内向消减特征和外溢性动态特征。对于中心区阴影区的形成与演化驱动机制，杨俊宴等从空间、经济及运营角度展开分析，并相应的将其总结为宏观"集聚—扩散"机制、中观"成本—效益"机制以及微观"消费—后勤"机制[16]。

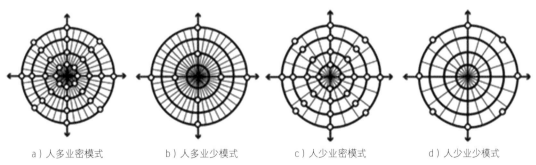

a）人多业密模式　　　b）人多业少模式　　　c）人少业密模式　　　d）人少业少模式
图 1.3 "人—地—业"视角下的城市阴影区分类模式示意
资料来源：杨俊宴，马奔. 城市阴影区的形态特征及模式机制研究：上海"人—地—业"多源大数据视角的实证 [J].
城市规划，2019,43(9):95-106.

（3）阴影区效应的消减策略研究

对于阴影区效应的消减主要体现在城市群或者大都市区尺度。例如，张京祥、庄林德认为对于处于大都市阴影区里的小城镇而言，消减其所受负面效应的主要对策包括主动整合及拓展联系[5]。施一峰等在分析定州市的发展特征基础上，提出定州市多重阴影区的消解策略应该包括：寻求新腹地，提升自身的中心集聚能力；区域联动，承接大都市溢出功能；功能互补，配套区域发展需求；因地制宜，塑造区域特色功能思想[39]。程同升在明确南京大都市阴影区发展现状的基础上，结合其未来社会经济的发展趋势，提出四项消减阴影区发展的战略对策，包括：树立区域统筹的发展理念，加强城市与区域的互动；改善发展环境，增强自主的发展能力；依托南京大都市，实现城市功能整合；适应网状发展趋势，拓展生存的地域空间[41]。孙东琪等也强调强化中心城市与其邻近的外围地区的产业联系强度是走出"大都市阴影区"效应的关键所在[6]。赵丹同样针对镇江市提出了消减其阴影区效应的三大路径，包括：生态立市，谋求高层跃迁；区域联动，实现功能提升；交通引导，推动空间优化[18]。孙建欣等认为制定优惠政策、建立便捷的区域交通网络、营造良好的生态环境、提供适当的居住和公共服务功能等手段可能激发城市阴影区的潜在价值，从而将其转化为发展前沿地区[17]。针对旅游阴影区的现象，乐上泓等就大田县旅游发展现状，总结出政府主导、人才先行、交通补给、打造亮点以及形象驱动是其发展对策[42]。从上述学者对于阴影区效应消减的对策研究可以看出，政策保障、交通支撑、经济要素流动以及产业结构调整等对于阴影区效应的消解具有十分重要的作用。

2）城市动态空间结构研究

作为城市内部空间的一个重要组成部分，城市阴影区本质上也处于一个动态变化的过程，故其静态的物质空间表现形式与动态的内在功能联系同等重要。这一观点也得到了国内众多学者的认可，如唐子来在其《西方城市空间结构研究的理论和方法》一文中强调城市形态与其内部相互作用，共同理性组织对城市空间结构的重要作用[37]（如图1.4）。作为一个高速运转的复杂系统，城市内部的人流、物流、信息流等均处于不断循环往复的运动状态[43]。城市的动态感知是城市规划关注的核心问题之一[44,45]，将城市的动态变化投影到城市空间上，则演化为城市动态空间结构。国内外学者鲜有对城市阴影区的动态研究，因而本书主要对城市动态空间结构的相关研究进行综述。

（1）城市动态空间结构研究的理论建构

城市动态空间是在静态空间的基础上，引入"流"这一概念以揭示内部空间构成要素的动态变化特征，此处的"流"可以是人群或者货物等实体的流动，也可以是信息、资金

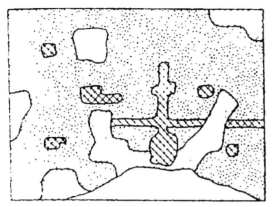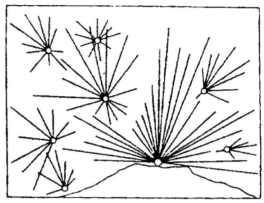

图 1.4 城市空间结构的静态物质空间表现（左）与动态内在功能联系（右）概念图示

资料来源：唐子来 . 西方城市空间结构研究的理论和方法 [J]. 城市规划汇刊 ,1997(6):1-11, 63.

等各类虚体的流动。随着信息流动加速，人作为城市的主体，其日常与非日常的行为活动对城市的功能空间布局产生的影响力越来越大。与个体动态时空移动[46]及行为[47]紧密相关的手机信令大数据、基于位置服务数据（location based service, LBS）[48]、微博签到数据[49]等均能很好地映射城市时空行为，将其投影到城市空间中，可以很好地揭示人群的动态活动及时空分布动态变化特征，同时与相应的空间地块或者片区结合能实现从人到地的转变与感知，这也是当前国内外研究的一个焦点[50]。总体而言，国内外学者从各自不同视角分别对城市动态空间结构进行了理论建构。

国外学者中，Ahas 等建构了社交定位理论（social positioning method），通过对移动电话的位置及使用者的社会身份的分析来研究其时空社交流动[51]。ratti 等提出移动景观（mobile landscapes）的概念，用于解释人们生活习惯对城市活动动态影响作用，并将其延伸到与城市动态空间结构之间的关联[52]。基于这些研究，随后大量学者也从时空规律的不同层面展开了城市动态空间结构的探讨。例如，Arribas-bel 等建构出时空日历（space-time calendar）方法，以明确的空间方法来揭示并刻画不同速度运行下的城市动态空间[53]。

近十年来，国内学者对城市动态空间结构的理论基础也展开了大量相关研究。例如，柴彦威等从时空行为视角对城市空间与时空间行为的互动机理进行研究[54]；钮心毅等指出城市空间结构与居民活动时空规律的互动关联作用，并采用核密度、空间聚类和密度分级等方法对手机定位数据进行分析，并识别出上海中心城的城市公共中心及功能分区[55]。杨俊宴、曹俊从城市设计实践运用视角，凝练出大数据在城市设计中的"动、静、显、隐"四种应用模式，其中"动"指向的是追踪到即时数据流的潮汐波动，由此引出城市空间的

"动态结构"重点在于通过城市人群迁移流动的聚散规律来解析不同片区和中心之间人群活动的联系度[56]。Liu 等认为居民在城市中的出行轨迹反映了城市区域之间的空间交互，并体现了城市的动态结构特征[57]。Gong 等提出城市的"移动—活动"系统，认为这种基本模式能体现城市动态空间的共同特征[58]。Cengiz 等结合 LULC 数据，通过多时间和多尺度的空间度量分析对安卡拉城市增长模式的变化以及导致这种变化的土地利用政策进行量化分析[59]。Yang 等以无码头共享自行车的时空移动轨迹变化为基础研究线索，对城市流动结构进行验证解析，以期更好理解城市不同动态系统之间的相互依赖关系[60]。

（2）城市动态空间的定量分析

时空大数据兼顾时间标识与空间坐标两个维度信息，运用这一类型数据解析城市要素的时空分布特征，探究城市内人群活动的时空行为规律，寻找这一规律对城市空间结构的动态影响及背后的影响机制，是大数据时代城市空间结构的新型研究范式[61]。朱递、刘瑜认为"人"和"地"两个层面在城市研究中是紧密联系的，传统城市空间结构的研究因基础数据、技术方法等限制对人的活动关注不足，具体包括人地相互作用关系、人群的时空行为模式、社会关系等方面[62]。不可否认，城市个体的空间行为具有一定的随机性，对城市空间结构研究价值有限，但当样本量达到一定数量时，将群体行为模式所体现出的时空行为规律性与城市建成环境相关联，则能对城市动态空间、社会、经济结构特征的揭示与解析起到很大作用[63]。Zignani 等基于人群活动与城市空间结构的交互理论，采用 CDRs 数据对米兰城市的群体结构进行识别，并总结出其投影到城市层面的时空互动模式，以期更好地服务于米兰城市集会等活动的策划[64]。

在已有相关研究中，运用人为主体的单一类型行为移动时空大数据来定量识别及分析城市空间结构中的中心[65]、空间作用单元边界[66]、功能区[61]等要素成为国内外多数学者关注的重点，常用的数据类型包括手机信令数据、基于位置服务数据（LBS）、智能卡刷卡数据、出租车轨迹数据等。国外学者中，Brockmann 等通过分析美国货币的流通情况来评估人群出行状况，从而评估人群时空行为潜在的驱动作用[67]。Ratti 等提出一种基于一定地理区域内人群相互联系与作用强度的基础大数据库，加以一定程度的衡量，在尽量还原个体联系真实度的情况下，将这一区域划分为较小且不重复的空间边界方法，是从人群真实使用空间情况角度对城市空间单元边界的重新审视[68]。Roth 等运用英国伦敦实时的 Oyster 卡刷卡数据，分析地铁乘客的时空移动特征，由此试图揭示这一特征与城市多中心空间结构的内在作用机理[69]。Becker 等获取莫里斯敦市（Morristown）两万名居民两个月的匿名通话记录，对城市真实空间结构进行可视化分析，从而用于指导城市规划与设计[70]。Louail 等肯定了基础设施对于城市空间结构及其动态特性的验证作用，并运用西班牙 31 个城市 55 天的通话记录数据来测度被研究人群的平均距离，进而聚焦到城市热点的识别及城市空间结构的判定[71]。国内学者中，Qi 等通过对杭州 30 万条浮动车定位数据的分析，展开城市功能组织与载客量的关联研究，并进行了城市功能区的分类实践[72]。张珣等在"动态结构"理论基础上，总结出城市人群动态结构具有放缩、迁移、涨落、生灭、凹平五种模式[73]。Liu 等采用上海出租车轨迹大数据揭示出两级分层的城市多中心结构[57]。陈艳秋等针对移动大数据的特点，提出将人类移动行为投影到城市空间实体之间的联系方法，进而能从整体与局部展开对城市空间实体间的联系研究[74]。总体而言，目前学术界诸如此类的研究相对较多，其主要共同点在于运用这些数据提取出人的时空行为轨迹，并对其进行解构分析，从而判定城市空间结构[55]。此类研究通常采用的是聚类分析等空间分析手段，但大部分研究是对于以人为主体的流动现象的描述及揭示，很少涉及现象背后的本质，即城市空间结构形成的影响机制，对其动态性研究也有待加强。

（3）城市动态空间的人群行为模式及活力研究

在对城市动态空间结构进行分析的基础上，不少学者对如何更好地感知城市动态空间进行了一定的探索，具体可以包括以下两个方面：① 通过提取大量与人群活动相关的时空移动轨迹数据，分析活动发生的类型、区域及相关的人群行为模式[75]；② 用人群的移动—活动的时空位移来表征其投影到城市空间的活力，帮助更好地理解城市动态[76]。相关学者在这两方面做了大量的研究探索。

a）动态空间活动类型的划分

除了可用于对城市动态空间结构的整体研究之外，时空大数据另一个重要的研究用途在于对城市居民的居住空间、就业空间、休闲娱乐空间、教育空间等不同类型的空间进行识别和布局规律的研究。例如，Wakamiya 等利用 Twitter 数据所反映出的居民日常生活模式来对城市空间进行活动分类[77]。薛涛等利用大规模使用者的活动轨迹数据，以北京市六区作为研究对象，将其活动空间划分为六大类型[78]。王波基于南京市微博签到数据对其活动空间的动态变化进行了分析，并划分出就业、居住、休闲等活动区域[79]。Ferrari 等运用核密度估计（KDE）分析了各类体育活动相关的流动性轨迹大数据，以此展开城市动态的划分，并最终落脚于各种人口和社会团体的日常行为差异研究[80]。此外，广泛运用于各大城市的共享单车系统所采集到的大数据一定程度上是绿色交通、健康生活方式的时空反馈。Chen 等通过共享单车开源数据对城市活动中心的动态特征展开研究[81]。各类活动空间的识别、布局与空间结构研究，是后续研究其与城市整体空间结构关系的基础，也是以人作为根本出发点的研究视角转变的具体体现[82]。

b）城市活力的研究

城市活力与居民活动的时空分布和空间交互息息相关[83]，基于此，一些学者采用多源时空大数据对城市各个空间尺度城市活力的时空格局进行了相关研究。城市尺度层面，Tu 等采用兴趣点、社交媒体签到与移动电话记录三项大数据对深圳城市活力的动态时空格局进行交叉验证[84]。中心城区尺度，田壮等借助基于位置服务功能的新浪微博大数据，对比分析工作日、双休日、节假日的签到数据，进而研究人群活动的时空动态变化[85]。街道尺度层面，钮心毅等使用移动互联网"位置服务"定位数据，对上海市南京西路街道活力进行时空测度，并选用空间滞后模型测算建成环境对其影响机制[48]。

3）城市内部网络结构研究

如前所述，已有关于城市网络的研究涉及全球、区域和城市内部等不同尺度[86,32,87]。囿于篇幅所限且考虑到与本书研究关系的紧密程度，本书主要从城市内部网络化空间的理论建构、城市内部网络的结构特征与演化规律、城市内部网络的常用分析方法三个方面，对城市内部网络结构的相关研究进行综述。

（1）城市内部网络化空间的理论建构

"流空间"是建构城市内部网络化空间的理论基础[88,89]。卡斯特（M. Castells）从社会学角度将流空间解构为信息基础设施—社会实践的空间问题以及精英空间，其产生的动力机制是不同客体之间的交换与交流[90]。此后，国内外学者也先后对"流空间"阐释了自己的理解。例如，Kirkpatrick[91]认为流动空间是将地理空间上相距较远的地方连接起来，或者其中的要素、事物或者人进行互动联系。国内学者对于流空间的理解主要是基于实体与虚体空间的相互作用与融合角度（如沈丽珍等[92,93]，郑伯红[94]）。当然，也有学者从时空角度对流空间进行定义。例如，孙中伟、路紫对流动空间的解释中强调了距离层面的物质移动与时间层面的信息交流[95]。

顾朝林等认为"流态"（flow）与"联系"（linkage）对城市空间建构的认知同等重要[36]。随着信息化、城市化的推进，城市实体空间被不断涌现的新兴的、职能分工各异的空间单元打破，呈现空间破碎化与网络区段化特征[96]。城市综合体、产业园区、大学城、CBD 等均属于城市成长空间单元，它们在区域化竞争与城市自身空间扩展的需求引领下，先后逐渐成为城市空间结构的主要组成架构元素[97]。由于其各自分工职能的差异，人与人、社会群体与社会群体需要通过交流与流动来满足其生产生活需求，这一流动与联系便将这些空间单元编织在一起，形成复杂的产业、社会、文化等空间网络，从而将城市演变为一个完整、开放、复杂的网络结构[98]。

流空间为城市内部空间结构研究提供了一种新的视角，流空间的实际存在可以通过对"流"的观测及度量实现，流空间的构成要素及相互空间作用关系可以运用网络分析方法进行结构的剖析来解决[99]。随着大数据从采集、可视化到分析的相关技术不断完善，城市动态空间的研究也不断发展，国内外学者逐渐将研究视角从单一属性的动态变化向空间交互（spatial interaction）转变，它强调的是在这种空间相互作用下引发的理空间上彼此分离的功能片区相互联系结合起来的时空变化过程，能更好地解释城市复杂系统的运行机制[100]；Batty 在《新城市科学》一书中也强调流与网络对"新"城市科学的基础作用[101]。对于城市发展而言，空间相互作用带来的是机遇与挑战并存，其机遇在于加强片区间或者中心城区、边缘区与乡村地区的联系与合作，从而拓展其发展尺度与维度；而对应的挑战体现在对资源、要素等的竞争方面。事实上，在城市内部空间尺度下，居民的居住、工作、休闲娱乐、购物等活动使得城市各功能板块的资源产生流动，从而激发相互联系与作用[102]，在城市交通系统的支撑下，这些相互联系与作用对城市内部空间结构起到一定的塑造作用。换言之，流空间对城市空间具有重塑作用，城市空间向由场所空间和流动空间共同重构形成的二元空间转变[103]。

作为城乡协调均衡发展的网络体系，城市内部空间结构网络化指向的是城市化进程中，以城乡一体化的发展体制为基础，以网络化的发展理念为指导，在城市人群活动、建筑空间、业态功能等多系统融合发展的动力机制下，所达成的各功能集聚区域也即城市多中心的协同发展格局，这对弱化各城市片区发展不平等与不平衡以及进一步实现"城—边—乡"三元一体化具有重要的推动作用。就城市空间结构网络化特征而言，具体可以从城市内部的联系角度，可细分到节点、连线、面域及其组合构成的网络群体结构来解析[104]。

（2）城市内部网络的结构特征与演化规律研究

在有关城市内部网络的结构特征与演化规律研究中，国内外学者主要通过构建嵌入空间的网络（spatially-embedded network），引入复杂网络的分析方法，将个体的时空移动轨迹或者社交、意象感知等关系量化到城市地块基础单元之间的相互作用强度，从而测度城市内部空间的网络结构及其动态演化特征。例如，Zhong 等采用 2010、2011 和 2012 连续三年同一时间段的新加坡公共交通智能刷卡数据，运用网络分析方法识别城市空间结构中的枢纽、中心及边界[105]。Liu 等以出租车 GPS 记录的上下客大数据来表征各地区之间的出行联系紧密程度，并采用社会网络分析中的社区发现方法对上海城市空间进行若干社区的划分[57]。李颖惠同样基于复杂网络中的社区发现算法，对珠海市出租车 OD 矩阵进行复杂网络分析，从而揭示城市内部人群移动的空间交互作用及潜在的时空分布状态[106]。丁亮等以上海中心城区为例，从手机信令数据中提取街道之间的就业和游憩分别与居住间的功能联系，借鉴社会网络分析方法，对上海空间结构的功能联系特征展开研究[107]。总体而言，国内外相关研究的共同点主要在于：运用某种时空大数据将个体移动或者行为模式反映到城市空间相互作用或者交互的关系[88]，从流数据视角识别移动网络中的紧密地区，从而识别城市内部网络结构的时空特征，实现这一研究从静态形态向动态流动网络的转变，这也是本书的研究重点之一[108,109]。

（3）城市内部网络的常用分析方法

城市内部网络的构成要素主要包括空间位置、空间距离、空间分布及拓扑关系等，其分析重点在于节点与连线所建构的复杂空间网络组织[110]。要充分认识城市空间网络，必须兼顾对其中的关系数据进行量化统计建模与可视化表达两个方面。常用的技术软件包括ArcGIS、GeoTime[111]、Flowmap[112]、Ucinet[113]、Netdraw[114]、Pajek[115]等，其中前三个软件倾向于实际空间网络形态与结构方面的直观分析及可视表达，后三个则是基于拓扑关系的提取，对其中的网络结构、等级关系做出直观的判断。复杂网络分析技术是城市内部网络研究中较为常用的一种分析方法，其所涉及的分析指标通常包括网络密度[116]、最短路径长度[117]、集聚系数[118]、社区结构[119]、度中心性[86]等（如表1.2）。

表1.2 城市内部网络分析的常用指标

具体指标	定义	具体表征	实际意义
网络密度	网络中的实际边数总数与最大可能边数之比	网络中节点关系的紧密程度	网络密度越大，表示网络中的关系总数越多，网络中节点之间的关系越紧密，节点之间的人流、物流、信息流的流通越快
最短路径长度	指两个节点之间存在一条或多条连接成本最低的路径的数目	衡量网络是否具有"小世界"效应的重要指标	网络的最短路径指连接网络中两个节点的边数最少的路径，值越小，说明网络的整体通达性越好，网络的全局运行效率越高
集聚系数	所有相邻节点之间连边的数目占可能最大连边数目的比例	衡量网络是否具有"小世界"效应的重要指标	——
社区结构	社区内部的联系紧密，而社区与社区之间的联系却很微弱	揭示网络内部的功能结构与集聚模式	通过社区发现所识别出不同时段的不同社区单元，来呈现人们在物质空间内大量移动的空间交互作用及其所反映的不同时段潜在的空间分布状态
度中心性	与某节点直接联系的节点个数	研究网络系统结构宏观统计特征的重要指标	用来描述网络节点结构的基本指标

4）研究述评

总体而言，国内外学术界围绕阴影区、城市动态空间、城市内部网络结构等方面均取得较为丰富的研究成果，为本研究的开展奠定了较好的基础。针对本书所具体研究的动态网络视角下城市阴影区的结构特征、空间模式与消解机制而言，已有研究尚有如下可进一步拓展的方向。

首先，从城市阴影区的研究现状来看，宏观区域尺度与微观中心区尺度是已有研究关注的两个焦点，尽管近年来出现了有关城市内部尺度阴影区的研究，但对这一尺度下阴影区的空间发展规律及内在机制的研究相对较少。相对宏观与微观尺度而言，中观尺度下的城市存在自身的空间发展规律与经济社会发展特征，因而城市阴影区与城市群阴影区和中心区阴影区在结构、模式、机制方面也会存在较为明显的差异。就研究视角而言，既有研究大多集中于产业经济联系或相对静态的空间形态、建筑风貌等物质空间的分析上，而阴影区实际是一种相对动态变化的过程与现象，仅以经济指标或者物质空间指标得出的研究结论难免存在一定的局限性。就研究内容而言，现有研究大多将阴影区作为一个相对独立的空间单元进行分析，很少对其空间范围界定、发展特征、消解机制等进行系统分析。然而，阴影区是城市空间的重要组成部分，同时也是城市空间结构从静态等级化向动态网络化演变的重要推动力量，因而对城市阴影区的研究也迫切需要引入动态网络的视角。

其次，城市空间的动态特征以及城市内部网络结构已成为国内外学术界关注的重要研究方向之一，但对诸如城市阴影区等各类具体的城市空间类型在城市动态网络结构中的空间发展规律关注较少。一方面，国内外学者以流动要素为基点，建构了城市动态空间结构的理论基础，同时采用时空地理大数据对城市空间的动态性进行定量测度，研究动态空间影响机制下的人群行为模式及城市活力；另一方面，国内外学者针对联系带来的空间交互对城市空间结构的影响研究、结构特征及相关分析方法展开了丰富的研究。两方面的研究均较少关注城市动态网络结构中的特定空间类型。城市作为一个复杂而多元的空间系统，其动态性与网络建构是紧密关联的，两者对于城市内部空间要素的作用也是相互关联的，对城市阴影区等特定类型空间的研究需要进一步加强。

1.3 城市阴影区研究的总体框架建构

1.3.1 数据科学与城市阴影区数智洞察

长期以来，对城市阴影区的系统深入研究一直受制于相关数据的可获取情况，导致对其空间发展规律的研究主要基于静态化和等级化的视角。近年来，数据科学的快速发展为城市空间结构的相关研究打开了新的局面，并进一步为研究城市阴影区的空间发展规律提供了新的数据和技术基础[120]（图 1.5）。事实上，数据科学应用于城市研究领域，是必然趋势也是城市规划实践需要[121]。数据科学改变了规划师观察城市的方式[101]，它打通了探究城市空间复杂系统背后的精细规律、运行机制、演化路径及发展趋势等方面的高精度和颗粒度的研究"通道"[122,123,105]。具体而言，数据科学为城市空间研究带来的巨大变革体现在以下五个方面：在研究价值导向方面，城市大数据以其数据精度、深度及广度优势，可从多角度进行精细化的人本空间营造研究[124]，这也是对国家"以人为本"新型城镇化战略方向的进一步深化与细化；在空间尺度方面，城市大数据突破传统研究范围与精细化难以兼得的瓶颈，为不同尺度城市空间的高精度数据研究提供了可能[125,126]；在时间尺度方面，由于数据采集的智能化，以手机信令大数据、出租车轨迹大数据等为代表的动态时空大数据可用于研究某一时间段内的城市运行演变特征[127,98,128]；在城市维度方面，城市大数据的耦合叠加研究可为体系化、系统化的各类型空间规划编制带来便利[129]，可兼顾其中的现状分析及在此基础上的城市发展预测[100]；在研究方法方面，城市大数据因其综合性及复杂性，需要多个学科背景的共同协作，这也带来研究共同体的新兴研究范式的转变。一言以蔽之，数据科学一定程度上是对传统研究"用空间解释空间"理念的转变与提升。

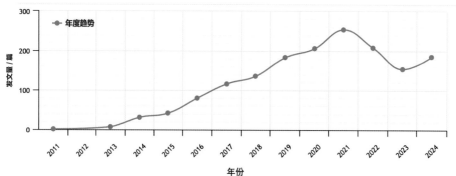

图 1.5 中国知网近年来将大数据与城市空间作为关键词的相关研究数据统计
资料来源：作者根据知网统计数据绘制。

就城市阴影区这一相对微观的实体空间而言，城市大数据及其分析方法既能在总体层面将其放置于城市大环境中，通过对整体大趋势的研判与预测，研究其处于整体层面的地位，并分析其形成机制及动态变化趋势；同时也能通过大小数据的结合，对其空间边界、类型划分、空间特征等方面进行精细化的分析。整体而言，数据科学的发展为扩大城市阴影区研究的深度与广度提供了支撑[130]。

1.3.2 研究样本选择、数据集与方法

1）研究样本

本书的实证分析部分以江苏省南京市为例。南京市位于北纬 31°14′—32°37′、东经 118°22′—119°14′之间，地处中国东南、长江三角洲西端，位于江苏省与安徽省交界处，东与江苏省扬州市、镇江市、常州市接壤，西与安徽省滁州市、马鞍山市、宣城市毗邻。南京市平面形状南北长、东西窄，南北最长距离 150 km，东西宽 30—70 km，2015 年南京市下辖玄武区、秦淮区、鼓楼区、建邺区、栖霞区、雨花台区、浦口区、江宁区、六合区、溧水区、高淳区共 11 个市辖区，总面积 6 622.45 km²。其气候属北亚热带湿润气候，四季分明，雨量充沛。区域地貌为宁、镇、扬山地的一部分，区内低山丘陵与河谷平原交错，低山丘陵占全市总面积的 64.52%，平原、洼地占 24.08%。

作为"六朝古都"，南京是中国历史文化名城，在历代历史进程中，其政治、经济、文化均处于重要地位。南京作为我国位于东中部交界，并与沿江发展带交会的唯一一个省会城市，是长三角辐射中西部地区的重要门户，也是长三角特大城市，更是东部地区重要的中心城市。在文化底蕴层面，南京被誉为"天下文枢"，是古代江南地区的科举中心，同时也是海上丝绸之路的"锚点"；在山水城关系方面，南京拥有山水林田湖优越的自然生态本底，钟山龙蟠、石城虎踞是其特色；在科教文卫方面，南京是资源丰富的国家科教基地，其国家双一流大学和学科数量仅次于北京、上海；在综合交通方面，南京是一个"枢纽城"，具有包括空港、铁路、海港、公路及城市轨道等多种交通方式在内的国家综合交通枢纽；在产业制造方面，南京是全国重要的综合性工业生产基地，同时其先进制造业和现代服务业协调发展。

考虑到研究数据覆盖的范围，本书选取南京市中心城区作为实证研究的分析范围（图1.6），这一片区也是南京未来都市区化进程中的城市化核心地区，是南京作为中心城市发挥区域辐射职能的主要承载区，也是城市主导产业功能的主要集聚区。依据《南京市城市总体规划（2011—2020 年）》，南京市中心城区面积约 846 km²，常住人口约 670 万，

以占全市行政辖区 12.8% 的面积集聚了全市 63.2% 的常住人口。

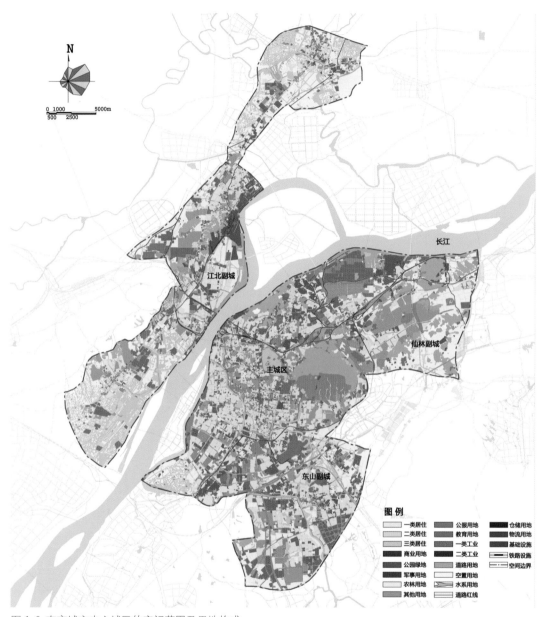

图 1.6 南京城市中心城区的空间范围及用地构成

　　南京市中心城区由主城和东山、仙林、江北三个副城组成，其中：主城东至绕城公路，南至秦淮新河，西、北至长江，面积 281 km²，是南京都市区及更大区域的核心，以商务商贸、科技信息、综合管理、文化旅游等高端服务职能为主；东山副城东至宁杭高速及上坊地区，南至绕越高速公路，西至宁丹高速及江宁区行政界线，北抵秦淮新河和外秦淮河，面积111km²,主要承担主城综合功能扩散,定位为辐射南京都市圈南部地区的区域副中心;仙林副城东至市界和规划道路,南至沪宁高速公路和沪宁高速铁路,西至绕城公路,北至长江,面积166km²,是南京对接长三角、辐射南京都市圈东部地区的区域副中心;江北副城东南抵长江西岸,东北至金江公路和宁启铁路,西南到长江三桥连接线,西北到宁连高速公路和宁启铁路,面积约288km²,是南京服务和辐射安徽、苏北等地区的区域副中心。

2)研究数据集

本书研究所涉及的基础数据资料包含传统调研所采集到的"小数据"与城市多源大数据两种类型,其中前一种主要通过现场实地踏勘、居民走访等方式进行采集,它反映的是城市阴影区实际运营及使用状态、居民对阴影区改造的真实想法及建议等;而城市多源大数据主要包含空间形态大数据和手机信令大数据,这类数据既能从城市整体层面揭示城市空间发展的一般规律,同时也能精细化刻画城市阴影区这一空间内外联系的各系统运行机制。大数据与"小数据"的互补结合是城市研究的基础,既能相互弥补数据本身的固有缺陷,同时也能对研究对象进行全面细致的规律剖析。

(1)基础调研资料与采集

本研究对南京市的各个阴影区片区进行分时间段及时间日的实地观测,具体开展的工作包括实景照片的采集、对阴影区内不同人群的访谈(如内部居民、工作人员、消费者),以了解其活动的一般规律、目的和对于片区建设的相关看法。此外,结合相关文献查阅及专家访谈,本书对南京市各阴影区的发展历程进行了系统梳理,形成其空间发展研究的基础资料。

(2)城市空间形态大数据

城市空间形态大数据是在南京中心城区范围内完整、精确的矢量地形图资料的基础上,加以实地踏勘后校对、修补与更新完善所整合而成。具体而言,南京城市空间形态数据库是对城市范围内的建筑进行逐栋实地勘测校对,并结合土地利用现状图与实际空间使用状况进行用地地块的边界划定,同时对城市各等级的道路体系、各类型的公共服务设施体系的建设情况加以调查,这种将实地调研与相关规划资料结合的数据获取及处理方法,保证了这一数据库的相对精准性及时效性。最终建构出的南京城市空间形态数据库包含建筑层、用地地块层、街区层、交通道路层以及自然山水环境层五个层面的内容,其中建筑层是由城市中心城区内所有建筑面域组成,且除建筑基本的轮廓线外,还包含建筑层数、建筑高度及建筑功能等信息;用地地块层与街区层的共同特点在于两者均是包含建筑群组合构成的基本空间单元,但前者是由相同或者相类似职能类型的建筑群所围合而成的空间边界,后者是由各等级道路红线围合而成；交通道路层除了各级道路的中心线及红线之外，还包括公共交通站点、城市枢纽站点等内容；自然山水环境层则指向的是包括群山、河流、绿网、公园等城市山体、水体组成的自然生态系统。具体详细图示内容见图 1.7。

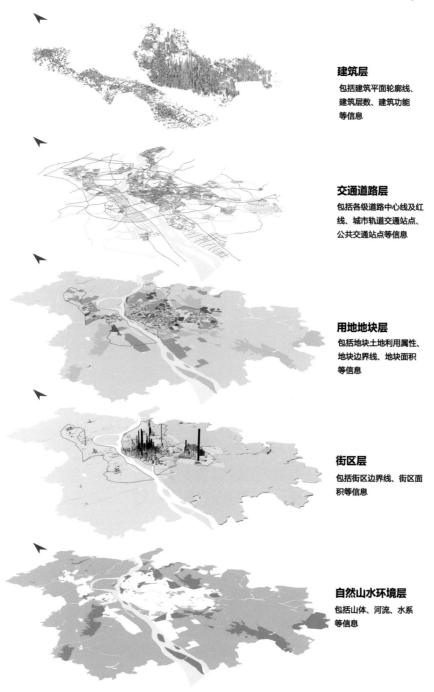

建筑层
包括建筑平面轮廓线、
建筑层数、建筑功能
等信息

交通道路层
包括各级道路中心线及红
线、城市轨道交通站点、
公共交通站点等信息

用地地块层
包括地块土地利用属性、
地块边界线、地块面积
等信息

街区层
包括街区边界线、街区面
积等信息

自然山水环境层
包括山体、河流、水系
等信息

图 1.7 南京城市中心城区空间形态数据库分层建构

本书所选取的南京中心城区范围内含街区面域数量为 1 943 个，地块面域数量 16 864 个，建筑面域数量 506 793 个，道路中心线长度共 3 075 km。以上述五个层面的数据信息内容为基础，进而计算出研究范围内各街区及用地地块的各项空间形态指标，这些指标将作为后续城市阴影区的空间界定及基本特征的研究基础，具体内容解释及计算方式见表 1.3。

表 1.3 城市空间数据库各项空间指标一览表

基本空间形态指标	用地地块层面				街区层面		
	地块建筑密度	地块容积率	地块平均高度	地块用地性质	街区平均密度	街区平均容积率	街区平均高度
表征含义	地块范围内的空地率和建筑密集程度	地块范围内的建设用地使用强度	地块范围内的平均建设开发高度	地块内土地利用使用状况	街区空间范围内的空地率和建筑密集程度	街区范围内的建设用地使用强度	街区范围内的平均建设开发高度
计算方法	地块建筑基底面积总和/地块基底面积	地块建筑面积总和/地块基底面积	地块建筑层高总和/地块建筑栋数	按照城市用地性质分类表统计	街区建筑基底面积总和/街区基底面积	街区建筑面积总和/街区基底面积	街区建筑层高总和/街区建筑栋数
单位	—	—	m	—	—	—	m

（3）手机信令大数据

2015 年工信部的统计数据表明，全国移动电话用户总数高达 13.06 亿，其普及程度大致为 100 个人中有 95.5 个用户，而中国移动通信用户的市场占有率超过 60%。手机信令数据逐渐以其高样本率、动态时效性以及信息精准性等多维优势，而成为表征城市人群活动分布情况及时空移动规律的优质数据源。手机信令数据是在手机用户主动或者被动呼叫、接收或者发送短信息以及产生空间位置变化等情况下产生的信令记录数据，时间精度可精确到秒，其空间分析单元是基站小区所辐射的空间范围。

本书获取了中国移动通信运营商覆盖的南京全市范围内的 2G 用户数据，具体包含了基站信息数据及用户信令信息数据，其中基站信息数据包括各个基站的识别编码及其相对应的地理坐标信息，南京中心城区内共有 104 247 个基站（图 1.8），而用户信令信息数据则是加密数据，包括匿名加密手机终端 ID、信令类型、信令发生时间、信令发生时手机连接的基站编码等。具体而言，南京手机信令数据时间范围为 2015 年 11 月 9 日到 11 月 22 日，值得一提的是，由于在信令数据采集、处理过程中，难免由于采集方法、基站维护等不可避免因素而产生网络中断、传输延迟、外界环境干扰、系统故障等不良情况，进而生成部分无效数据，故对其进行数据清洗是分析研究的前提。通过数据清洗与筛查，11月10日、14日、19日因数据采集异常而无法作为研究基础数据，基于此，结合剩余日的天气、发生事件等综合情况，本书最终选定11月11日（工作日）以及11月21日（休息日）两天的数据进行对比研究，这两天数据采集正常且每天的统计用户数量为200万以上。

结合本书的研究需要，将所涉及的手机信令数据分为两大类，一类是以基站为单元的用户数按照1小时间隔划分为每天24个时刻实时统计数据，另一类是以用户为单元的时空行为轨迹数据，样本数据投影到WGS_1984_World_Mercator坐标系。第一类数据表征的是各基站在一天24个时刻所服务用户数量的实时变化，根据基站的空间服务范围，采取泰森多边形与三维活动空间的手机信令空间关联方法将其投影到该范围内的用地地块，并以街区作为基本研究空间单元，统计其内部各个时刻的人群数量及密度（具体计算方法与结果详见附录A和附录C），根据本书研究的动态人群密度变化需要，对这类数据采用平均算法进行统计计算，即将两天当中各个时间区段人群数量进行加和平均，从而得到

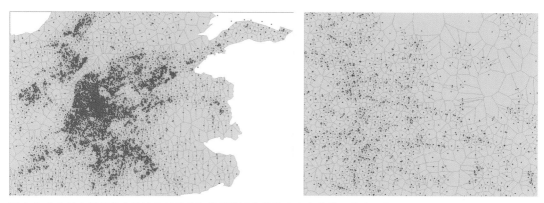

图 1.8 南京城市手机信令基站点及其空间范围的具体落位（左为整体，右为局部）

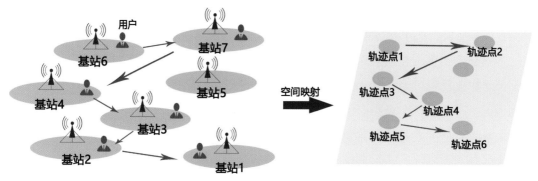

图 1.9 手机用户的空间位置映射及轨迹生成

24 个时刻的基站人群数量均值数据库。针对第二类数据，经过数据清洗后，平均每个用户一天的记录数约为 36 条，由于数据精度问题，用户只能定位到所属基站。由于本书的研究尺度是中心城区范围，同时为了简化数据，本书将其用户位置随机投影到所属基站的邻近街区，进而将各个用户一天当中的所有轨迹点进行空间映射则得到其当天的移动轨迹（图 1.9）。

3）研究方法

（1）理论研究

首先，通过文献资料检索与现状踏勘相结合的方法构建本书理论研究的基本框架。通过有针对性地检索、收集、分析、整合国内外学术期刊、学术著作、统计年鉴、在线资源，结合实地踏勘、观察与思考，选定研究视角并深化研究内容及研究目标，初步形成动态网络视角下城市阴影区研究的基础理论框架，并初步判断其结构特征、空间模式与消解机制。

其次，通过具象图形与抽象概括相结合的方法判定城市阴影区的结构特征与组织模式。基于理论研究与案例分析，精细化识别城市阴影区的空间边界，并基于此抽取其动态网络化空间结构组织的联系要素及组合模式特征，在高度抽象概括的基础上梳理与其他城市空间单元的作用关系并予以几何图示表达。

最后，通过演绎推理和追本溯源相结合的方法分析城市阴影区的动态消解机制。作为城市复杂巨系统的一类相对特殊的空间单元，城市阴影区的消解受信息网络、要素流动等多重因素的作用。在理论分析的基础上，本书从分类解析与多元耦合两方面进行大胆演绎与推导，提出城市阴影区的动态消解机制。

（2）实证研究

实证研究部分，本书主要采用复杂网络分析与城市大数据分析相结合的方法。总体而言，本书通过对包括手机信令大数据、空间形态大数据等城市大数据的描述与分析，改进基于传统数据的静态研究方法，精细化识别城市阴影区的空间边界。以识别出的城市阴影区为基本研究单元，应用城市网络分析方法研究其置于城市动态网络下的空间发展规律。具体而言，本书基于动态网络的分析视角，将城市尺度下的人群流动抽象成为一个动态网络，将包含城市阴影区的各类空间单元作为网络中的节点，各节点之间的人群流动是该网络中的连线，人群流动的数量大小是该连线上的属性信息。借助 MATLAB、Python、ArcGIS、Ucinet 等空间数据和社会网络分析平台，对城市阴影区在城市动态网络中的空间结构模式和消解机制进行系统深入分析。

1.3.3 研究思路与总体框架建构

本书运用多学科交叉的分析思维，将理论与实践相结合，尝试对理论方法进行创新，并力求使研究成果具有一定的实践意义。首先，在阴影区相关概念的本质定义及相关理论分析的基础上，对城市阴影区的空间发展进行了由传统静态等级到动态网络视角转变的系统梳理与论证，为后续城市阴影区的空间界定与结构模式的研究奠定了理论基础。其次，围绕城市阴影区的基本定义与动态网络视角的影响作用，在多源大数据的支撑下，对南京城市阴影区进行了精细化空间边界识别，并将这一识别结果放置于整体网络中，初步探究作为网络节点的空间属性特征。再次，在对南京城市整体动态网络进行建构的基础上，聚焦于其中的城市阴影区，从空间联系强度、空间联系距离、空间联系方向以及空间联系密度四个维度进行动态与网络的空间结构特征分析研究，并总结出其中最为关键的十二条特征规律。基于这一实证研究，进一步从动态网络视角下城市阴影区的二元对立与互动统一两个维度分析空间模式的建构过程与结果，并最终将其凝练为六律，这是对空间模式的总结与提升。最后，延续动态网络视角的具象影响，对城市阴影区的动态消解思路转变、措施途径以及理想发展状态展开讨论，并加以相关实际案例进行佐证，力争就其消解机制在理念、构思与措施等多方面予以补充及加强。本书具体研究框架思路如图 1-10 所示：

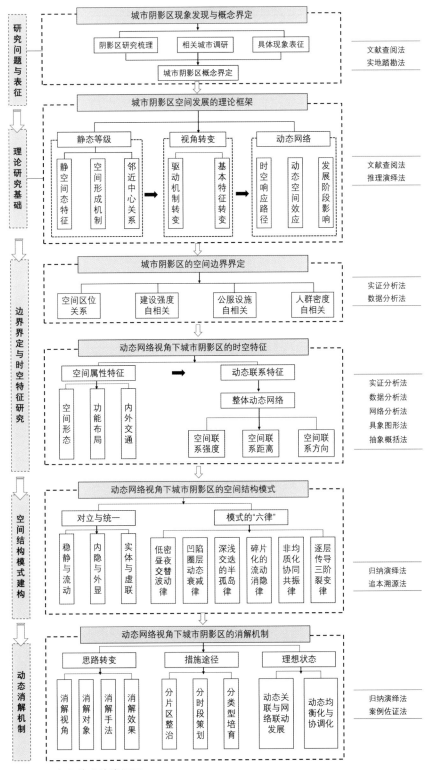

图 1.10 本书技术路线框图

参考文献

[1] 叶昌东，周春山 . 近 20 年中国特大城市空间结构演变 [J]. 城市发展研究，2014, 21(3): 28–34.

[2] 杨永春 . 西方城市空间结构研究的理论进展 [J]. 地域研究与开发，2003(4): 1–5.

[3] 阳建强 . 新发展阶段城市更新的基本特征与规划建议 [J]. 国家治理，2021(47): 17–22.

[4] 王凯，马浩然 . 以城市更新的思维促进海口中心城区空间品质提升 [J]. 城乡规划，2018(4): 4–11.

[5] 张京祥，庄林德 . 大都市阴影区演化机理及对策研究 [J]. 南京大学学报（自然科学版），2000(6): 687–692.

[6] 孙东琪，张京祥，胡毅，等 . 基于产业空间联系的 "大都市阴影区" 形成机制解析：长三角城市群与京津冀城市群的比较研究 [J]. 地理科学，2013, 33(9): 1043–1050.

[7] 杨俊宴，马奔 . 城市阴影区的形态特征及模式机制研究：上海 "人 – 地 – 业" 多源大数据视角的实证 [J]. 城市规划，2019, 43(9): 95–106.

[8] 吴志强，伍江，张佳丽，等 . "城镇老旧小区更新改造的实施机制" 学术笔谈 [J]. 城市规划学刊，2021(3): 1–10.

[9] 席广亮，甄峰，沈丽珍，等 . 南京市居民流动性评价及流空间特征研究 [J]. 地理科学，2013, 33(9): 1051–1057.

[10] 王垚，钮心毅，宋小冬 . "流空间" 视角下区域空间结构研究进展 [J]. 国际城市规划，2017, 32(6): 27–33.

[11] AVGEROU C. The informational city: information technology, economic restructuring and the urban-regional progress [J]. European Journal of Information Systems,1991,1:76–77.

[12] 岑迪，周剑云，赵渺希 . "流空间" 视角下的新型城镇化研究 [J]. 规划师，2013,29(4):15–20.

[13] 王建国 . 历史文化街区适应性保护改造和活力再生路径探索：以宜兴丁蜀古南街为例 [J]. 建筑学报，2021(5): 1–7.

[14] 张全景 . 阴影区旅游资源开发初探：以孔孟故里的九龙山风景区为例 [J]. 国土与自然资源研究，2001(2): 60–62.

[15] 赵庆楠，李婧 . 建筑阴影区空间环境设计初探 [C]// 中国城市规划学会，南京市政府 . 转型与重构 :2011 中国城市规划年会论文集 . 南京 : 东南大学出版社 ,2011.

[16] 杨俊宴，胡昕宇 . 中心区圈核结构的阴影区现象研究 [J]. 城市规划，2012, 36(10): 26–33.

[17] 孙建欣，林永新 . 从 "发展阴影区" 到 "发展前沿地带"：论行政区划分隔对阴影区内小城市发展的影响 [J]. 城市规划学刊，2013(3): 50–53.

[18] 赵丹. 刍议"城市群阴影区"效应及消减策略 [C]// 中国城市规划学会. 规划 60 年：成就与挑战 :2016 中国城市规划年会论文集（13 区域规划与城市经济）. 北京：中国建筑工业出版社 ,2016.

[19] 郑文升，金玉霞，王晓芳，等. 城市低收入住区治理与克服城市贫困：基于对深圳"城中村"和老工业基地城市"棚户区"的分析 [J]. 城市规划，2007, 31(5): 52–56, 61.

[20] 魏立华，闫小培. "城中村"：存续前提下的转型：兼论"城中村"改造的可行性模式 [J]. 城市规划，2005, 29(7): 9–13, 56.

[21] 李晓楠. 都市圈层面下城市门户阴影区的空间发展研究：以保定火车站西大园片区城市设计竞赛为例 [C]// 中国城市规划学会. 多元与包容 :2012 中国城市规划年会论文集 (04. 城市设计). 昆明 : 云南科技出版社 ,2012.

[22] McGEE T G. Chapter 1 The emergence of desakota regions in Asia: expanding a hypothesis[M]//GINSBURG N, KOPPEL B, McGEE T G.The extended metropolis. Honolulu: University of Hawaii Press, 1991: 1–26.

[23] SHARMA A, CHANDRASEKHAR S. Growth of the urban shadow, spatial distribution of economic activities, and commuting by workers in rural and urban India[J]. World Development, 2014, 61: 154–166.

[24] MUSTAK S, BAGHMAR N K, SRIVASTAVA P K, et al. Delineation and classification of rural-urban fringe using geospatial technique and onboard DMSP-Operational Linescan System[J]. Geocarto International, 2018, 33(4): 375–396.

[25] 杨俊宴，甄峰，冯建喜. 大数据视角下的国际城市中心区的动态结构 [J]. 建筑实践，2019, 39(1): 34–39.

[26] 王德，朱查松，谢栋灿. 上海市居民就业地迁移研究：基于手机信令数据的分析 [J]. 中国人口科学，2016(1): 80–89, 127.

[27] 冷炳荣. 从网络研究到城市网络 [D]. 兰州：兰州大学 ,2011 .

[28] 甄峰. 评《世界城市网络：一个全球层面的城市分析》[J]. 城市与区域规划研究，2010, 3(1): 188–191.

[29] TALEN E. The polycentric metropolis: learning from mega-city regions in Europe[J]. Journal of Urban Design, 2008, 13(3): 422–424.

[30] 朱查松，曹子威，罗震东. 基于流空间的山东省域城市间关系研究 [J]. 城乡规划，2017(4): 85–93.

[31] 曹子威,罗震东,薛雯雯,等. 基于信息流的城市间关系网络研究 :以山东省为例 [C]// 中国城市规划学会. 规划 60 年：成就与挑战 :2016 中国城市规划年会论文集（04 城市规划新技术应用）. 北京：中国建筑工业出版社 ,2016:13.

[32] 韦胜，徐建刚，马海涛．长三角高铁网络结构特征及形成机制 [J]．长江流域资源与环境，2019, 28(4): 739-746.

[33] 李迎成．中西方城市网络研究差异及思考 [J]．国际城市规划，2018, 33(2): 61-67.

[34] 王林申，运迎霞，倪剑波．淘宝村的空间透视：一个基于流空间视角的理论框架 [J]．城市规划，2017, 41(6): 27-34.

[35] 李智轩，甄峰，张姗琪．城市居民智慧流动性研究进展及展望 [J]．国际城市规划，2023, 38(1): 110-116, 143.

[36] 顾朝林，甄峰，张京祥．集聚与扩散：城市空间结构新论 [M]．南京：东南大学出版社，2000.

[37] 唐子来．西方城市空间结构研究的理论和方法 [J]．城市规划汇刊，1997(6): 1-11, 63.

[38] 潘竟虎，姚缘平迎．京津冀都市圈大都市阴影区的 GIS 界定 [J]．西部人居环境学刊，2017, 32(6): 100-106.

[39] 施一峰，王兴平，陈骁，等．大都市多重阴影区内地方性中心城市发展策略：以河北省定州市为例 [J]．规划师，2019, 35(16): 5-10.

[40] 陈果，李磊，蒋蓉．双流县发展阴影区现象及对策研究 [J]．四川建筑，2007, 27(S1): 36-38, 41.

[41] 程同升．基于区域统筹的南京大都市阴影区发展对策研究 [C]// 中国城市规划学会．城市规划面对面：2005 城市规划年会论文集（上）．北京：中国水利水电出版社，2005.

[42] 乐上泓，孔德林，黄远水．旅游阴影区开发的实证研究：以福建大田县为例 [J]．旅游论坛，2008, 1(6): 366-369, 383.

[43] 甄茂成，党安荣，许剑．大数据在城市规划中的应用研究综述 [J]．地理信息世界，2019, 26(1): 6-12, 24.

[44] 刘瑜，肖昱，高松，等．基于位置感知设备的人类移动研究综述 [J]．地理与地理信息科学，2011, 27(4): 8-13, 31, 2.

[45] 刘瑜．社会感知视角下的若干人文地理学基本问题再思考 [J]．地理学报，2016, 71(4): 564-575.

[46] 丁亮，钮心毅，宋小冬．利用手机数据识别上海中心城的通勤区 [J]．城市规划，2015, 39(9): 100-106.

[47] 刘嫱．基于手机数据的居民生活圈识别及与建成环境关系研究 [D]．哈尔滨：哈尔滨工业大学，2017.

[48] 钮心毅，吴莞姝，李萌．基于 LBS 定位数据的建成环境对街道活力的影响及其时空特征研究 [J]．国际城市规划，2019, 34(1): 28-37.

[49] 王波，甄峰，孙鸿鹄．基于社交媒体签到数据的城市居民暴雨洪涝响应时空分析 [J]．地理科学，2020, 40(9): 1543-1552.

[50] 秦萧，甄峰，熊丽芳，等．大数据时代城市时空间行为研究方法 [J]．地理科学进展，

2013, 32(9): 1352−1361.

[51] AHAS R, AASA A, SILM S, et al. Daily rhythms of suburban commuters' movements in the Tallinn metropolitan area: case study with mobile positioning data[J]. Transportation Research Part C: Emerging Technologies, 2010, 18(1): 45−54.

[52] RATTI C, FRENCHMAN D, PULSELLI R M, et al. Mobile landscapes: using location data from cell phones for urban analysis[J]. Environment and Planning B: Planning and Design, 2006, 33(5): 727−748.

[53] ARRIBAS−BEL D, TRANOS E. Characterizing the spatial structure(s) of cities "on the fly": the space−time calendar[J]. Geographical Analysis, 2018, 50(2): 162−181.

[54] 柴彦威，申悦，肖作鹏，等 . 时空间行为研究动态及其实践应用前景 [J]. 地理科学进展，2012, 31(6): 667−675.

[55] 钮心毅，丁亮，宋小冬 . 基于手机数据识别上海中心城的城市空间结构 [J]. 城市规划学刊，2014(6): 61−67.

[56] 杨俊宴，曹俊 . 动·静·显·隐：大数据在城市设计中的四种应用模式 [J]. 城市规划学刊，2017(4): 39−46.

[57] LIU X, GONG L, GONG Y X, et al. Revealing travel patterns and city structure with taxi trip data[J]. Journal of Transport Geography, 2015, 43: 78−90.

[58] GONG Y X, LIN Y Y, DUAN Z Y. Exploring the spatiotemporal structure of dynamic urban space using metro smart card records[J]. Computers, Environment and Urban Systems, 2017, 64: 169−183.

[59] CENGIZ S, GÖRMÜŞ S, OĞUZ D. Analysis of the urban growth pattern through spatial metrics; Ankara City[J]. Land Use Policy, 2022, 112: 105812.

[60] YANG Y X, HEPPENSTALL A, TURNER A, et al. A spatiotemporal and graph−based analysis of dockless bike sharing patterns to understand urban flows over the last Mile[J]. Computers, Environment and Urban Systems, 2019, 77: 101361.

[61] 阚长城，马琦伟，党安荣 . 基于时空大数据的北京城市功能混合评估方法及规划策略 [J]. 科技导报，2020, 38(3): 123−131.

[62] 朱递，刘瑜 . 多源地理大数据视角下的城市动态研究 [J]. 科研信息化技术与应用，2017, 8(3): 7−17.

[63] 钮心毅，谢琛 . 手机信令数据识别职住地的时空因素及其影响 [J]. 城市交通，2019,17(3):19−29.

[64] ZIGNANI M, QUADRI C, GAITO S, et al. Urban groups: behavior and dynamics of social groups in urban space[J]. EPJ Data Science, 2019, 8(1): 8.

[65] 丁亮，钮心毅，宋小冬 . 基于个体移动轨迹的多中心城市引力模型验证 [J]. 地理学报，

2020, 75(2): 268-285.

[66] 吴朝宁 . 基于签到数据的游客行为空间边界提取方法与时空演变研究 [D]. 石家庄：河北师范大学，2020.

[67] BROCKMANN D, HUFNAGEL L, GEISEL T. The scaling laws of human travel[J]. Nature, 2006, 439(7075): 462-465.

[68] RATTI C, SOBOLEVSKY S, CALABRESE F, et al. Redrawing the map of Great Britain from a network of human interactions[J]. PLoS One, 2010, 5(12): e14248.

[69] ROTH C, KANG S M, BATTY M, et al. Structure of urban movements: polycentric activity and entangled hierarchical flows[J]. PLoS One, 2011, 6(1): e15923.

[70] BECKER R A, CACERES R, HANSON K, et al. A tale of one city: using cellular network data for urban planning[J]. IEEE Pervasive Computing, 2011, 10(4): 18-26.

[71] LOUAIL T, LENORMAND M, CANTU ROS O G, et al. From mobile phone data to the spatial structure of cities[J]. Scientific Reports, 2014, 4: 5276.

[72] QI G D, LI X L, LI S J, et al. Measuring social functions of city regions from large-scale taxi behaviors[C]//2011 IEEE International conference on pervasive computing and communications workshops (PERCOM Workshops). Seattle, WA: IEEE, 2011: 384-388.

[73] 张珣，杨俊宴，MARVIN S. 脆弱生态约束下基于 LBS 数据的城市动态结构研究探索：以黔西南州兴义市为例 [J]. 上海城市规划，2019(6): 30-37.

[74] 陈艳秋，吴礼华，江昊，等 . 基于移动大数据的城市空间结构感知 [J]. 科学技术与工程，2018, 18(20): 135-141.

[75] 仇璟，秦萧，甄峰 . 基于大小数据结合的城市职住平衡影响因素研究：以常州主城区为例 [J]. 现代城市研究，2020, 35(6): 56-63.

[76] 钟炜菁，王德 . 上海市中心城区夜间活力的空间特征研究 [J]. 城市规划，2019, 43(6): 97-106, 114.

[77] WAKAMIYA S, LEE R, SUMIYA K. Urban area characterization based on semantics of crowd activities in twitter[C]//International Conference on GeoSpatial Sematics. Berlin, Heidelberg: Springer, 2011: 108-123.

[78] 薛涛，戴林琳 . 大数据视角下城市活动的空间特征及其影响因素：以北京市城六区为例 [J]. 城市问题，2016(4): 25-30, 38.

[79] 王波 . 基于位置服务数据的城市活动空间研究 [D]. 南京：南京大学，2013.

[80] FERRARI L, MAMEI M. Discovering city dynamics through sports tracking applications[J]. Computer, 2011, 44(12): 63-68.

[81] CHEN L B, YANG D Q, JAKUBOWICZ J, et al. Sensing the pulse of urban activity centers

leveraging bike sharing open data[C]//2015 IEEE 12th Intl Conf on Ubiquitous Intelligence and Computing and 2015 IEEE 12th Intl Conf on Autonomic and Trusted Computing and 2015 IEEE 15th Intl Conf on Scalable Computing and Communications and Its Associated Workshops (UIC-ATC-ScalCom). Beijing:IEEE, 2015: 135-142.

[82] 张逸群，黄春晓，张京祥．基于多源数据的城市空间流动特征识别及规划思考：以南京都市区为例 [J]. 现代城市研究，2018, 33(10): 11-20.

[83] 范冬婉. 时空大数据支持下的城市活力测量方法及增长策略研究 [D]. 武汉 : 武汉大学 ,2019.

[84] TU W, ZHU T T, XIA J Z, et al. Portraying the spatial dynamics of urban vibrancy using multisource urban big data[J]. Computers Environment and Urban Systems, 2020, 80: 101428.

[85] 田壮,董文晴,石佳鑫．基于签到数据的人群活动与城市活力空间研究：以合肥市中心城区为例 [C]// 中国城市规划学会 . 活力城乡 美好人居 :2019 中国城市规划年会论文集（05 城市规划新技术应用）. 北京：中国建筑工业出版社 ,2019.

[86] 薛峰，李苗裔，党安荣．中心性与对称性：多空间尺度下长三角城市群人口流动网络结构特征 [J]. 经济地理，2020, 40(8): 49-58.

[87] 李响，陈斌．"聚集信任" 还是 "扩散桥接"？：基于长三角城际公共服务供给合作网络动态演进影响因素的实证研究 [J]. 公共行政评论，2020, 13(4): 69-89,206-207.

[88] 叶锺楠 . 城市流动性的量化与诊断：基于网络地图数据和可达性模型的方法研究 [J]. 南方建筑，2016(5): 66-70.

[89] 沈丽珍，罗震东，陈浩 . 区域流动空间的关系测度与整合：以湖北省为例 [J]. 城市问题，2011(12): 30-35.

[90] 唐佳，甄峰，汪侠 . 卡斯特 "网络社会理论" 对于人文地理学的知识贡献：基于中外引文内容的分析与对比 [J]. 地理科学，2020, 40(8): 1245-1255.

[91] KIRKPATRICK G. The hacker ethic and the spirit of the information age[J]. Max Weber Studies, 2002, 2(2): 163-185.

[92] SHEN L Z, ZHEN F. Thinking of the idea of space of flows effect on the conversion of planning mode in new era[C]// 徐建刚，沈青，宗跃光 . 转型期的中国城市与区域规划国际会议暨国际中国城市规划学会第三届年会论文集 . 南京：东南大学出版社 ,2009:117-125.

[93] 沈丽珍，顾朝林，甄峰 . 流动空间结构模式研究 [J]. 城市规划学刊，2010(5): 26-32.

[94] 郑伯红，朱顺娟 . 现代世界城市网络形成于流动空间 [J]. 中外建筑，2008(3): 105-107.

[95] 孙中伟，路紫 . 流空间基本性质的地理学透视 [J]. 地理与地理信息科学，2005(1):109-112.

[96] 夏铸九 . 都市中国的经济发展、网络都市化以及区域空间结构：都会区域形构、新都市问题及都会治理 [C]// 中国地理学会经济地理学专业委员会 . 2016 第六届海峡两岸经济

地理学研讨会摘要集 . 台北：台湾大学建筑与城乡研究所，2016: 1.

[97] 魏冶 . 流空间视角的沈阳市空间结构研究 [D]. 长春：东北师范大学，2013.

[98] 王丹，林姚宇，金美含，等 . 空间交互理论与城市规划应用研究 [J]. 现代城市研究，2020, 35(9): 47-54.

[99] 杨延杰，尹丹，刘紫玟，等 . 基于大数据的流空间研究进展 [J]. 地理科学进展，2020, 39(8): 1397-1411.

[100] 刘瑜，姚欣，龚咏喜，等 . 大数据时代的空间交互分析方法和应用再论 [J]. 地理学报，2020, 75(7): 1523-1538.

[101] BATTY M. The new science of cities[M]. Cambridge, Massachusetts: The MIT Press, 2013.

[102] 尹罡，甄峰 . 人群与活动差异视角下网络休闲对实体休闲的影响方式研究 [J]. 地理与地理信息科学，2020, 36(5): 72-79.

[103] 王鲁民，邓雪湲 . 建立合理的城市空间等级秩序 [J]. 南方建筑，2003(4): 9-11.

[104] 黄亚平 . 城市空间理论与空间分析 [M]. 南京：东南大学出版社，2002.

[105] ZHONG C, ARISONA S M, HUANG X F, et al. Detecting the dynamics of urban structure through spatial network analysis[J]. International Journal of Geographical Information Science, 2014, 28(11): 2178-2199.

[106] 李颖惠 . 基于出租车数据的珠海市城市动态空间识别与特征研究 [D]. 哈尔滨：哈尔滨工业大学，2018.

[107] 丁亮，宋小冬，钮心毅 . 城市空间结构的功能联系特征探讨：以上海中心城区为例 [J]. 城市规划，2019, 43(9): 107-116.

[108] 赵珂，于立 . 大规划：大数据时代的参与式地理设计 [J]. 城市发展研究，2014, 21(10): 28-32, 83.

[109] 肖扬 . 城市规划技术与方法 [J]. 城市规划学刊,2023(4): 123-126.

[110] 龚咏喜，赵亮，段仲渊，等 . 基于地标与 Voronoi 图的层次化空间认知与空间知识组织 [J]. 地理与地理信息科学，2016, 32(6): 1-6.

[111] KAPLER T, WRIGHT W. GeoTime information visualization[J]. IEEE Symposium on Information Visualization, 2004(10): 25-32.

[112] WILLEMSE L. A Flowmap-geographic information systems approach to determine community neighbourhood park proximity in Cape Town[J]. South African Geographical Journal, 2013, 95(2): 149-164.

[113] LI Q Y, TANG Y C. Statistics and visualization of artificial intelligence research in China in the past 21 years by UCINET[J]. International Journal of Social Science and Education Research, 2020,3(5):178-183.

[114] 尹怀琼，刘晓英，周良文，等．我国图书馆联盟研究的文献计量和可视化分析：基于 Netdraw 和 CiteSpace 软件的比较研究 [J]. 图书馆，2018(2): 43-49.

[115] SMYRNOVA-TRYBULSKA E, MORZE N, KUZMINSKA O, et al. Mapping and visualization: selected examples of international research networks[J]. Journal of Information, Communication and Ethics in Society, 2018, 16(4): 381-400.

[116] 赵映慧，朱亮，马百通，等．1998—2016 年中国省际网络联系结构特征：基于铁路货流视角 [J]. 地理科学，2020, 40(10): 1671-1678.

[117] 俞峰．复杂动态随机网络最短路径问题研究 [D]. 杭州：浙江大学，2009.

[118] WANG J X. Research on key nodes identification based on clustering coefficient in topological networks[J]. International Journal of Civil Engineering and Machinery Manufacture, 2020,5(3).

[119] 甘田，刘鼎．基于手机数据的职住空间关系研究：以重庆市主城区为例 [J]. 城市交通，2020, 18(5): 36-44, 119.

[120] 龙瀛．颠覆性技术驱动下的未来人居：来自新城市科学和未来城市等视角 [J]. 建筑学报，2020(S1): 34-40.

[121] 龙瀛．（新）城市科学：利用新数据、新方法和新技术研究"新" 城市 [J]. 景观设计学，2019, 7(2): 8-21.

[122] 曲国辉，赵志庆．数字城市规划内涵及其共享平台构建 [J]. 哈尔滨工业大学学报（社会科学版），2007(4): 33-40.

[123] 赵珂，于立．定性与定量相结合：综合集成的数字城市规划 [J]. 城市发展研究，2014, 21(2): 83-90.

[124] 杨俊宴．城市大数据在规划设计中的应用范式：从数据分维到 CIM 平台 [J]. 北京规划建设，2017(6): 15-20.

[125] 龙瀛，茅明睿，毛其智，等．大数据时代的精细化城市模拟：方法、数据和案例 [J]. 人文地理，2014, 29(3): 7-13.

[126] 杨俊宴．全数字化城市设计的理论范式探索 [J]. 国际城市规划，2018, 33(1): 7-21.

[127] 李涛，王姣娥，黄洁．基于腾讯迁徙数据的中国城市群国庆长假城际出行模式与网络特征 [J]. 地球信息科学学报，2020, 22(6): 1240-1253.

[128] 王德，李丹，傅英姿．基于手机信令数据的上海市不同住宅区居民就业空间研究 [J]. 地理学报，2020, 75(8): 1585-1602.

[129] 龙瀛，张恩嘉．数据增强设计框架下的智慧规划研究展望 [J]. 城市规划，2019, 43(8): 34-40,52.

[130] 张庭伟．实证研究和定量分析：介绍一个实例 [J]. 城市规划，2001, 25(9): 57-62.

城市阴影区时空演化与机制的理论基础

城市空间组织结构的研究历来是城市规划学科、城市地理学科等的重要研究内容，不同研究背景下的城市空间组织有着其特有的发展模式，但核心都是相互作用的统一体，而城市阴影区也是其中的重要组成部分。与传统静态等级视角相比，动态网络视角对于城市空间结构的研究具有其自身特点。流动要素诞生于信息、通信与交通技术的兴盛与发展，受经济社会结构转型所驱动；同时它又反过来作用于城市空间发展乃至社会结构的转型过程。这种相互作用的机制推动了城市内部空间结构的网络化转变，这一转变不仅仅体现在包括阴影区在内的实体空间单元的成长，也反映于虚体流的几何倍数化汇集。基于此，本章首先验证城市动态网络的实际存在与空间表征，并从整体空间研究的视角转变带来的基本特征入手，分别对静态等级视角下城市阴影区空间现象的发现、形成机制与关联特征，以及动态网络视角下其时空响应路径、空间效应及多模式下的发展影响进行详尽解析，从而深化其理论内涵与实践意义。借助上述解析手段可实现对城市内部网络化空间结构及城市阴影区深层次含义的再解读。

2.1 传统静态视角下城市阴影区空间现象

2.1.1 传统静态视角下城市阴影区的空间现象发现

静态等级维度对于城市空间结构的研究早已有之，众多城市理论与实践研究学者均结合各自学科背景特点，基于对城市各维度体系的综合认知，建构出各异的城市理论模型，从霍德华的田园城市到克里斯泰勒的中心地理论再到近年来杨俊宴等学者提出的中心体系等，均是这类研究的典型代表。不论是何种模型，学界对于城市空间的静态等级结构的理解共性在于其垂直等级性、强中心性以及层级联系单一性。其中垂直等级性一方面强调城市内部各空间单元联系的垂直关系，同时也针对由其所承担的具体职能、所服务的对象及范围差异而形成的分级划分关系，从而造就内部服务产业以及空间规模的等级分化。而后两种特性也是基于垂直等级划分方式而产生，指向的是城市内部各片区的差异化功能分工带来的专业性中心区的生成以及自上而下的关联服务联系。基于这一研究视角，一般认为城市空间结构内部形态或公共设施的分布在各自片区内应呈现由中心向外围逐级递减的"下坡式山峰"状态，但随着其集聚扩散效应的逐步增强，其内部往往出现强烈的非均衡发展规律，其中阴影区则是这一规律的具体空间产物之一。

在静态等级空间研究视角下，城市阴影区是紧邻发展优势条件地区却呈现出截然相反发展状态的"劣势"片区，这也是其本质定义。同时，这一现象是一个相对概念，通常指向的是其与邻近中心区形成较为鲜明的分化对比。这一空间现象存在于国内外很多城市中，同时也存在于城市内部的各空间尺度中，具体包括中心区内部尺度以及城市片区尺度。其中，胡昕宇对北京、香港、新加坡、首尔等国内外多个城市中心区内的阴影区现象进行挖掘与详细定量解析，在验证城市中心区阴影区现象普遍存在的同时，也基于其产业构成、形态结构、空间特征等多个维度分析，对内在空间模式及规律特征进行凝练总结[1]。马奔也针对上海城市范围内阴影区进行现象发现及具体的"人—地—业"的三重维度解析[2]。基于前人的相关研究，结合实地观测，本书将城市阴影区的静态等级空间特征总结为建设形态相对低矮且无序、公共设施相对零散且不足、建筑风貌相对老旧且破碎以及承载业态相对低端且散乱。

同时，为进一步探究四项空间特征主导下城市阴影区的具体表象，本书从全国层面选取了上海、深圳、广州、重庆等城市的典型阴影区为案例分析对象（表2.1），对其建设形态、公共设施、建筑风貌和承载业态四个方面的详细情况进行针对性分析。

1）建设形态相对低矮且无序

城市阴影区与邻近中心区之间最为直观显著的区别表征在于建设形态的巨大差异。相较于中心区高强度、高密度的集中开发，城市阴影区所呈现出的多为相对低矮且形态相对无序的建筑组合。一方面，多数情况下，受历史遗留、多方管控、内外条件差异等因素影响，城市阴影区本身处于发展的相对劣势地位，进而演变为近似自然生长且趋向愈加恶化的无序状态；另一方面，由于其空间区位、对外交通可达性相对好，导致开发成本较为昂贵，加上社会、文化等方面的因素，带来其再开发建设的相对困难，从而导致其建设形态、建筑组合方式等大多只能维持在多年前的老旧状态。两者共同作用是城市阴影区产生以及无序生长的重要综合因素。

表 2.1 各城市典型阴影区的基本概况

广州大德路阴影区		重庆十八梯阴影区	
	邻近中心区： 海珠广场中心区		邻近中心区： 解放碑中心区
	主导类型： 批发市场		主导类型： 老旧住宅（原）
上海老城厢阴影区		深圳岗厦村阴影区	
	邻近中心区： 豫园中心区		邻近中心区： 福田中心区
	主导类型： 传统弄堂区		主导类型： 村落集聚区

资料来源：作者根据网络资料整理。

以重庆十八梯阴影区 [1] 为例，它位于渝中区中段，连接着上半城的渝中 CBD 与下半城的江边老城，事实上，它距离解放碑商业区仅一街之隔，但两者却形成城市繁华"母城"与"毒瘤"的悬殊差异，它是典型的中低收入人群居住片区，也即公认的"贫民窟"。它承载着重庆城市杂糅移民文化，同时也是码头文化、江湖文化、市井文化等多种类型的综合载体 [3]，其中典型的吊脚楼式的民俗建筑是老重庆市井生活的重要写照，可以说，这一片区是重庆文化符号的典型代表（图 2.1）。但在城市化发展演进的过程中，其内部老旧的基础设施、愈加恶化的居住环境、不良的社会治安等因素导致原居民逐渐搬迁、外来混杂人群不断涌入，最终演变成为杂乱无章、随意建设的城市脏乱差地区，形成片区阴影区，所导致的负面效应严重影响渝中片区乃至整体城市的发展。

从《重庆府治全图》对于十八梯的记载来看，这一片区原本为线性空间，从较场口延伸至南纪门路段，由于其空间区位及联系要素的重要性，在城市的演进与发展中所承载的空间实体不断扩大而发展为面状集聚区，其中的叠加式建筑按照重庆特有的山地地形及街巷格局生长扩散。受抗战时期大轰炸的影响，其内部建设支离破碎，而在随后的重建中，"捆绑房、穿斗房、砖瓦房"等的杂乱建设是其逐步演变为贫穷、破败片区的原因之一 [4]。

---

① 虽然重庆十八梯大部分片区在本书研究的 2015 年时间段已经陆续被拆除，但这一片区具有典型的阴影区特征，且影响较为突出，故仍将发挥强烈阴影区负面效应的该片区作为本书研究案例之一。

同时，这一情况愈加恶劣，而其本身的开发建设受多方因素的影响也愈加艰难，从而导致其支离破碎的建设形态得以延续。在此情况下，对于十八梯阴影区的更新改造显得尤为重要。历经长期的多方协调，这一片区最终被基本拆除，并改造成为展示交流传统风貌为主的全新片区，作为"母城记忆"和"重庆味道"的传承与延续。而改造之后，这一片区的阴影区效应也逐渐得以消解

图2.1 重庆十八梯阴影区改造前（左）后（右）实景对比
资料来源：十八梯传统风貌街区：一条从过去通往现在的时光隧道[N]. 重庆日报，2016-08-24.

2）公共设施相对零散且不足

从产业经济角度来看，城市阴影区是在整体片区各项服务业的分离与集聚过程中形成的，同时也是受这一相对作用力而得以继续发展。与邻近中心区相比，城市阴影区片区在人流流动、物流运输、设施联动等方面均处于相对弱势，从而也导致其内部环境相对封闭，与外界界面的互动性相对低。在此情况下，城市阴影区则形成一种相对消极的内部循环，但受整体空间质量、归属感与认同感等多方面因素的影响，其公共设施严重不足，从而导致这一循环的不连续及不完整。此外，受中心区的集聚扩散作用，阴影区内部公共服务设施的空间布局也相对零散、不均衡，偏向于一种自下而上的发展模式。

以深圳岗厦村阴影区为例，它位于福田中心区内部，周边城市环境相对成熟（图2.2），但内部人群复杂。这一片区历史相对悠久同时也具有一定的代表性，整体看来，其内部的空间活力特征相对突出，但由于城乡二元的土地管理和所有制度的差异，在深圳改革开放以后的快速城市化进程中受城市发展不断蔓延与侵占的影响，与外围城市片区难以融合且形成越来越大的空间隔阂，从而导致其相对孤立的发展状态。从根本上，这一片区的内部组织方式仍保留了原有村落的建构特点，在当时快速建设的发展背景下，包括医院、学校等在内的公共服务设施难以得到较为周全的考虑及规划，仅能满足内部人群的基本生活需

求。同时，其相对封闭的发展模式也给公共设施规划等带来较大的困难，进而加剧其发展的劣势状态。虽然在社会价值方面，岗厦村阴影区为外来务工人员等提供了安置场所，一定程度上给予其社会保障，但是由于人群的复杂性，也带来了安全隐患、社会治安问题等一系列负面问题。总之，这一片区既是片区长期发展而演化形成的服务性经济产物，同时也是现代化城市建设当中一个相对负面的现象，需要采取一定措施对其零散稀缺的公共服务设施等进行更新改造。

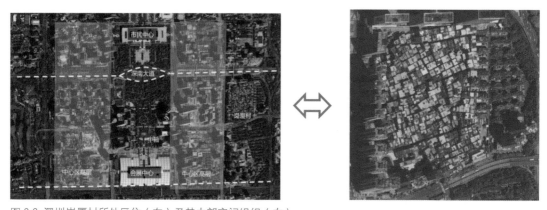

图 2.2 深圳岗厦村所处区位（左）及其内部空间组织（右）
资料来源：改绘自李准. 城中村生活性街道活力保持与再塑研究：以深圳岗厦村为例 [D]. 深圳：深圳大学，2018.

3）建筑风貌相对老旧且破碎

城市阴影区现象是一个相对缓慢渐变的发展过程，一般而言，其生长的历史相对久远，同时也正是由于片区存在的相对"根深蒂固"而带来再开发建设的重重困难。由此，一般而言，阴影区内部的建筑风貌趋向于相对老旧，且受发展进程中的各种人为、自然等因素的影响，所呈现出的外观或组合形成也较为破碎，这是其发展过程中不可避免的现象。具体而言，阴影区内部建筑风貌的老旧可能是由于对具有历史价值或文脉价值的建筑本体保护，或者是因为建设模式背后的复杂关系而难以对其进行出新或改善，或者其更新改造需要一个较为长期且循序渐进的过程，其间内部难免混杂各种阶段或者形态的建筑类型。不管是何种原因，共同点都在于其内部建筑风貌延续的必然性而带来整体相对破碎，内部的各项建构设施也相对破碎老旧，可能存有一定的安全隐患。

作为上海历史的发源地，老城厢片区城市风貌独特、历史人文底蕴深厚，也是上海中心城区最为老旧的区域。在区位上，它是由人民路与中华路等围合而成，紧邻人民广场、城隍庙、外滩金融区等多个城市商业商务高度集聚的核心片区[5]。但同样在城市化的快速发展进程中，其中的各系统难以跟上步伐从而发展相当迟滞。老城厢片区在区位及历史底蕴等方面具有较强优势条件，部分保留着传统里弄建筑风格，但其所面临的发展相对落后、内部相对老旧等问题也比较突出，自身更新改造相对滞后且内部管理混乱，其中居民私自拆建房屋并加以改造的现象较为普遍，带来其建筑风貌的混杂和凌乱。由于其地价高昂，加之各类社会综合问题，很难在较短时间内对其建筑特色进行改造或修复。综合下来，这一片区正发挥着其作为阴影区而产生的相对负面效应。老城厢片区作为上海的城市记忆，对于整体城市特色的建构尤为重要，但从经济发展的角度而言，对于片区发展具有相对的消极作用，故而形成带有上海城市发展烙印的特色阴影区。

4）承载业态相对低端且散乱

正如上文阐述，城市阴影区内部公共服务设施相对缺失且零散，因此其中的业态职能多以日常居住、物流配送、配套服务等非中心职能为主；在用地层面则表现为用地结构的相对单一。与此同时，其内部交通环境的相对封闭或者不通畅，也进一步阻碍其功能组织的升级或更新，导致其能承载的业态偏向于中低端生活化，商业氛围相对薄弱。此外，阴影区内部的交通状况也是其业态低端散乱的一个重要因素，大多数阴影片区内部的交通路网存在路幅狭窄、结构不合理、路段缺失或者受阻等情况，带来整体的内部人流和车流环境的相对闭塞，进而也导致其内部生活环境的相对恶劣。人群以中低收入为主，从而导致对于业态的需求偏向于低成本、低品质，最终吸引的大多为低端、散乱业态。

广州大德路至大南路片区位于海珠广场北面，是典型的广州老城区片区，内部保留有大片的骑楼建筑，集聚着五金、鲜花等众多批发商铺，是广州众多批发市场之一。相对于相隔两三个街区但高楼林立、水绿嵌套的海珠广场而言，呈现出在三维形态、建设密度、建筑组织、空间品质、交通通行等方面的强烈反差：在开发建设方面，该片主要的特点在于低层主导以及布局混杂无序，加上内部道路两侧树木相对少，公共绿地或开放广场稀缺，导致整体片区的空间环境品质较差；在交通通行方面，这一片区的道路相对狭窄，但由于其位于城市相对核心片区，加上密集的批发活动，人车流量多但路幅小，造成严重的堵塞局面。综合上述特性，该片区成为广州城市内部典型阴影区之一，同时也是整体城市发展沿革及机制作用下形成的众多特色城中村片区的一处。这类片区虽然存有较多发展问题，但其"根深蒂固"的演化历史导致其很难得到更新改造。

2.1.2 传统静态视角下城市阴影区的空间形成机制

通过上文对全国层面典型城市阴影区的分析可以发现，城市阴影区已经成为一种普遍存在的空间现象，不同阴影区之间既存在一定的共性，也具有一定的差异性。本节从空间本体发展、职能差异以及政府规划政策三个方面，对城市阴影区的形成机制进行逐层剖析。

1）非均质集聚与非均衡扩散带来推力

城市的发展始终伴随着集聚与扩散两个对立过程的相互作用，城市内部各节点与周边地区在空间演化的过程中也一直存在这两种作用。在中心区层面，城市中心在区位、基础设施、投资环境、就业机会、服务设施及协作配套条件方面具有良好的优势，加之其附加的经济和社会集聚效益，从而吸引邻近片区的劳动力、资金等生产要素，成为稳固的增长节点。在此情况下，核心节点对周边地区的发展处于"集聚效应"阶段，而在城市整体层面，空间集聚是一种普遍的经济地理现象，集聚的原因有很多种，故而最终呈现的多是一种非均质的空间分布态势。

具体而言，城市尺度下的空间集聚往往受优势资源、外部经济、土地经济及文化需求等影响。首先，优势资源往往是引发空间集聚的先导因素，其实质上是对于拥有该类优势资源禀赋的区位选择的结果。当某一片区具备较好自然地理资源、交通可达性等优势时，城市的各项经济活动会在此集聚，并吸引性质相似的经济活动在该片区进一步集聚，由此产生经济学所强调的外部经济。此外，空间集聚不仅局限于二维层面，很多时候由于高昂地价及稀缺土地资源，城市建设往往趋向于三维层面的高度集聚，这一集聚不仅带来了高强度的开发建设，更为重要的是呈现出多类型用地的混合。除了资源及经济层面的要素，文化需求也是空间集聚的一个普遍因素，通常情况下，人们对于社会交往的需求不仅存在于虚体网络，同时也需要实体空间支撑其公共活动，从而形成社区。

在城市发展过程中，其内部的空间集聚与扩散是同时进行的。城市节点的"扩散效应"首先源于过度集聚的人口压力，这里的人口不仅包括居住在节点内部的居民，同时还有在其中工作办公、休闲娱乐等的人员。为保障节点各项功能的正常运行，需要大量的服务资源、劳动力要素，但随着其体量规模的不断扩大及土地价格的不断上涨，内部很难容纳越来越集聚的人口，只能通过向周围进行扩散得到疏解。再者，城市节点内部的功能不断演替与升级，其中必定存在一些在新发展背景下已不具优势的公共设施职能，这类公共设施需通过功能置换迁址到其他地区从而重新发挥其职能作用。除了上述两个因素外，消费—后勤机制也是促使城市节点对外扩散的一个重要因素，就公共设施的工作运营角度而言，城市节点应同时包含公共消费职能与后勤服务功能，两者理论上应形成紧密一体化整合发展模式，也即后勤配送服务是保障城市节点内大型公共设施正常运转的必要条件。而后勤服务功能受成本等因素的限制，需寻求租金、人工等价格相对低廉的区位环境，故这部分职能一般只能由城市节点扩散到其外围片区。相对应地，一些对物质需求较为严苛或者优越的服务设施也很难在发展时间较长久的城市节点得到满足，而需要在其他片区寻求能符合其需求的落脚点，这也是城市节点向外扩散的因素之一。

"扩散效应"本质上是一种空间形式上的规律关系，其扩散模式会受不同的扩散对象、扩散环境、扩散时期等影响[6]。按照扩散对象的空间相对位置，可将其划分为邻近扩散、等级扩散和跳跃扩散。其中，邻近扩散指的是城市节点向与之距离邻近的周边区域进行扩散，两者间的空间关系为渗透或者弥散，其空间发展在地域空间上是相对连续的，而且可能遵循空间距离衰减的规律，即扩散效率与程度会随着距离的增加而逐渐衰减（图2.3a）；等级扩散指的是由城市节点向距离相对远的片区进行扩散，这一扩散可以是规模相当的同等级片区，也可以是次一等级片区，带来的便是空间不连续的间断扩散，但其过程还是能遵守一定的等级顺序规律（图2.3b）；跳跃扩散按照其字面意义理解即城市节点在空间上是以不连续的跳跃或者迁移模式进行外散，相比而言，其跳跃的位置与方向则存在无规律与随机特征，这种模式多由政策制度或者某种偶然因素推动（图2.3c）。上述三种扩散模式是理论上相对理想的划分，现实中城市节点的扩散效应往往是多种模式的综合，尤其是在动态网络机制的影响下，其呈现出的是更强的非均衡性与不确定性。城市节点的非均质集聚与非均衡扩散两种效应形成正负影响机制，而城市阴影区则是两种效应叠加之后在空间上产生的负溢出效应的结果。

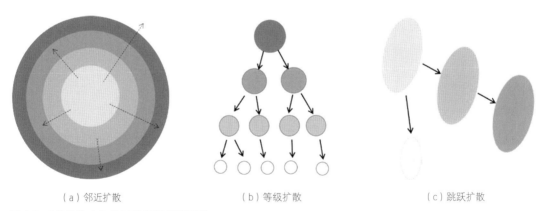

（a）邻近扩散　　　　　　　（b）等级扩散　　　　　　　（c）跳跃扩散

图2.3 "扩散效应"的三种表现类型示意

2）中心与非中心职能配置产生的势差

城市职能的空间分布由推力和拉力共同作用，各片区之间存在的发展差距导致的发展势差，带来了片区间的资本、技术、劳动力、信息等生产要素流动，推动城市职能的发展扩散，并且反过来对其产生影响，进而形成中心职能与非中心职能之间空间配置的动力。其中，城市中心职能主要指的是经营管理、金融等商务办公功能，以及相对高端的商业服务功能，属于生产型服务业范畴；而相对应地，城市非中心职能涵盖居住保障功能、日常生活用品零售、餐饮服务、休闲娱乐服务等日常生活类服务功能。随着城市中心片区人口的逐渐集聚，与之相配套的功能之间开始产生专业化和相互竞争，进而导致相对不具有竞争优势的职能逐步往外分散，这种城市中心内外势差带来的功能选择就是中心职能与非中心职能的空间配置过程。具体而言，中心职能与非中心职能间存在层次上的划分，在建设强度势差、人口规模势差、市场配置势差以及政府规划政策的影响下，两种职能配置差异逐步增强，城市阴影区开始形成与发展。

建设强度势差：建设强度势差指的是城市内部不同空间单元或者片区之间的开发建设差距，是城市发展过程中自身发展条件、片区发展机遇等多项因素综合作用的结果。城市中心区与阴影区之间的建设强度时差，一方面能一定程度上促进中心区职能的集聚扩散，从而保障其各项功能空间相对均衡发展，另一方面也是阴影区生成的一项动力机制。实际上，两者所承担的不同职能与其建设开发模式之间互为关联影响。

具体而言，城市中心区与阴影区之间的建设密度不同，建设高度不一，存在一定的开发强度级差，两者之间的这一级差落到具象功能层面就成了影响中心职能与非中心职能空间配置过程的建设强度势差。一般情况下，城市中心区受地价、交流需求等因素影响，多承载的是高强度开发的中心职能建筑，为保障其核心商业商务职能的高效运转，需将内部的非中心职能外扩转移。在此影响下，城市阴影区以其中低强度的开发模式适宜地承接其溢出的非中心职能，两者的职能与建设强度的相互匹配与协作力求在生态环境、风貌形象等方面达到相对协调的状态。例如在建设高度方面，受功能需求影响，城市阴影区所承载的非中心职能建筑开发高度也相对低矮，呈现出相对集约的建设高度模式。在此情境下，总体而言，适当的建设强度势差是对城市功能转移与扩散的一个重要动力，有利于加强城市中心区与阴影区间的功能交流，从而实现两者相对合理的功能布局与空间交互。

人口规模势差：城市中心区与阴影区之间的另一项明显差异在于人口规模势差，具体表现为两者内部人群容纳数量及类型构成、对人群的吸引能力以及人群的时空波动性等多维度的差异。不可否认的是，城市中心区在公共服务设施、开发建设强度等方面具有相对较大的优势，从而导致其对于人流、物流、资金流等各种流动要素的吸引力较强。当其他片区的人群涌入城市中心区从而导致其所承载的人口量达到一定的规模门槛时，其与城市阴影区之间的人口规模势差则愈加显著，且此种差异在一定时间内将持续存在甚至变强。

同时，两者之间的人口规模势差不可避免地会导致中心区内部的拥堵、混乱，尤其是其中的非中心职能会愈发难以满足日益增长的居民日常活动需求；同时由于人口的不断增加，其所从事工作的中心职能占用空间越来越多，而非中心职能的发展空间越来越少，导致集约化转型的必然趋势。在城市中心区与外围的人口规模势差驱动下，非中心职能走向集约发展或者外溢承接的模式，城市阴影区由于紧邻核心节点的优势而成为非中心职能首选的承接空间。

由此，非中心职能与其被服务对象存在相对紧密的地理接触关系，其中的生活性商业服务设施更易走向相对均衡的自组织式竞合关系，并在一定的势力范围内形成自我的保护边界。在城市中心区对于其服务的共同要求以及竞争压力下，生活性商业服务设施往往能形成空间连锁效应，灵活服务于溢出的人口，并改善核心节点之间的均质化、同构化甚至一体化的商业氛围。具体而言，位于城市阴影区的生活性商业服务设施多以相对低端零散的业态模式存在，与邻近的连锁性企业形成优势互补的服务群。

市场配置势差：在城市中心区内，市场对于具体的用地、空间及相关的职能起着基础性的配置作用。首先，作为其中最为核心但稀缺的基本资源，土地往往是核心节点发展成败的关键，它对于交通可达、配套设施完善、入驻企业品牌形象展示等显隐性价值等均有较大的承载价值。由此，多数情况是高端商业金融等生产性服务企业由于其对于空间区位的绝对承载容量，往往选择的是交通可达性最好的地段，同时也反过来通过增加建设的容积率来相对降低成本，也稀释了昂贵的地价。与之相对应的，周围基础条件相对较差的地段难以承受高昂的地价压力，导致其形成相对难开发的状态，这是市场配置的差异导致城市阴影区出现的重要动因之一。

在城市整体层面，各核心节点在商业区及其衍生空间发展的基础上，综合各类经济成本要素，多形成其相对稳定的"圈层"结构，具体呈现为由核心区向外围在建设强度、产业经济、与外界互动性等方面有变弱的趋势。这一趋势一方面符合传统地租理论中的中心区价值成本，另一方面也是通勤成本、生活成本、便利成本等多重因素影响下的结果。而城市阴影区便是其中综合交通可达性、基础设施、租金住房价格等方面相对较优的选择，也是集相对较低的时间成本、经济成本、服务成本于一体的空间集聚场所，是其存在的基本动力。

3）政府自上而下的规划政策

城市阴影区现象产生的另一个基本动因在于政府对城市内部发展主体的激励机制。一般情况下，为减少核心节点的压力或者带动某些地区的发展，会在城市内部相对远离主城区的地方建立新城、新区或者设立开发区，并加以一些优惠政策而促使其发展，吸引人群分散到各节点从而舒缓中心城区压力。在新区、开发区发展的过程中，若周边片区发展阶段未能与其同步，一直处于要素集聚的初级阶段，则易成为发展洼地，从而出现城市阴影区效应。

随着城镇化的深入发展，我国大城市发展逐步向"结构调整"方向进行中心转移，在此过程中，多中心规划政策被广泛认可为城市空间规划策略的核心[7]。通过这一策略的调整，期望用多中心的疏散"磁力"作用来缓解城市单中心的"锁定"作用[8]。实际上，自二十世纪八九十年代，"多中心"就成为西方发达国家应对城市过度拥挤及环境恶化等"城市病"趋势的一种治理策略[9]，并被运用到各个空间尺度中。在我国的实践中，深圳市1996年提出建设多中心的市域空间形态格局，这也标志着多中心城市发展模式在中国规划实践的开始，其后，北京、上海、广州、重庆、杭州等大城市都将多中心规划策略作为其空间发展战略的核心目标[10]。但就目前大部分城市现状来看，城市多中心战略仅靠自上而下的空间规划引导往往难以实现，同时还是城市阴影区现象产生的一个重要因素。

究其原因，政府提出的多中心规划政策在现实实施当中往往是一个相对漫长的过程，其中核心片区是这一政策的先发地区。而大多数情况下，新的城市节点周边基础设施相对稀缺，发展相对迟缓，这导致核心片区与其周围片区的发展难以同步。实际上，周围片区需要经历相对漫长的时间过程才能真正兴盛，它与核心片区的发展差异使其产生了城市阴影区效应。一方面，它可能继续维持原有的相对低端业态、低密度建设、低收入水平等现状，如棚户区、原有农村土地等；另一方面，它也为新建的核心片区提供基本的生活服务，以保障其平稳发展。

2.1.3 传统静态视角下城市阴影区与邻近片区的关系

城市阴影区是空间集聚扩散、空间职能分异承接等多种因素共同作用下的空间现象，那么在传统静态等级空间结构视角下，这一现象在其发展演变过程中除了本质上的形态凹陷、服务低端、形态混乱等基本特点之外，与密切关联的邻近中心区之间到底存在何种空间联动关系？在上文研究基础上，本书认为两者之间的空间关联特征总体表现为层级性衔接与交织性分离这两个方面。

1）层级性衔接

在静态等级视角下，城市空间结构体现出较强的层级性特征，而城市阴影区与中心体系的强关联性也决定其体系内外关联的等级差异性。城市阴影区所邻近的中心区发展阶段不同，导致阴影区本身在空间分布形态、空间职能、人气聚集等方面也会出现相应的分异。在城市总体空间结构中，城市中心区的等级越高，其集聚扩散作用往往越强，导致其周边的阴影区片区形态更为破碎、职能更加复合，所承载的人群类型及数量也相对更多，从而对片区内物质空间的分割性也越大；相反，低等级的城市中心区对其邻近的城市阴影区片区的影响作用也相对越小。此外，不同层级结构作用下的城市阴影区对外衔接的联系通道也存在一定差异。一般情况下，等级越高、越靠近位于老城的主中心片区的城市阴影区对外交通，既包括各等级的城市道路，也涵盖地铁、公交等公共交通，而外围低等级片区则趋向类型相对单一、数量相对少的联系通道。

2）交织性分离

城市阴影区对于邻近中心区具有一定的依附性，其形成与发展很大程度上都是受中心区的空间作用影响。然而，在大多数情况下，阴影区所产生的负面效应会或多或少抑制其所邻近的城市中心区的发展，故而两者形成一种"貌合神离"的空间状态。具体来看，两者之间的交织性体现在其空间区位的邻近关系，更为重要的是相互间的职能溢出与承接作用，进而产生互为促进的关联影响。一方面，城市中心区可以吸收邻近的阴影区内部居民就近上班从而解决部分就业问题，阴影区反过来也会为其内部员工提供住宿、日常生活服务等便利条件；另一方面，作为内部发展条件相对劣势的片区，城市阴影区享有优势区位及公共设施资源，却很少能承担起应有的核心职能，同时也一定程度上阻碍了中心区的向外扩张，造成内部拥堵情况加剧，从而更加恶化内部发展态势，故两者在实际发展过程中也存有互斥或者分离的趋势。

2.2 城市阴影区研究视角的数字动态转变

城市空间的相互作用一直存在，它源于需求产生的动力势能，具体体现在实体或者虚体的"流"空间上，继而"流"要素之间的相互作用是城市空间结构网络化的组织机制与组织形式的核心。"流"空间以其动态流动性跨越时间、空间与区位三者的鸿沟，一方面弥补了静态空间单元的封闭性不足，另一方面也突破了传统城市空间研究的静态等级格局，带来了跳跃性扩展的可能性。城市阴影区作为其中发展相对劣势的空间单元，在流动要素的作用下，可加强与外界空间的联系与互动，从而提升空间活力。

2.2.1 数字动态驱动城市空间结构演变的内外机制

1）流动引发位势差，推动网络联系

城市是一个复杂的社会系统，复杂性、有组织性和内部的异质性为其主要特征[11]。

外部环境对其作用的不确定性和不可预测性决定了其动态变化性，这也印证了城市社会围绕流动而建构起来的观点。流动是城市各项组织中的一个重要因素，同时也参与到人们的各项生活里，城市内部各项要素之间的相互作用也将城市整合为一个功能实体。在流动社会中，信息技术、经济运作及空间实体三者的相互作用给传统的时间、空间和流动概念带来了变化，产生了全新的城市网络场，从而引发了流动空间这一新型空间形式的转变（图2.4）。信息技术等原动力带来的新型流动模式作用于城市空间中，由于流动往往与网络相伴相生，带来了网络空间这一空间形态，流动于城市内部各空间单元之间，从而模糊了时间与空间之间的界限。

除了满足城市内部的居民需求外，城市功能还具有向外辐射的外部功能，这一观点在中心地理论和产业梯度转移理论中均有阐述。同样的，在城市内部尺度，各职能中心不仅要满足该空间区域范围内的功能运转，同时也受功能类型及等级差异因素影响，需要对其之外的区域提供一定服务，从而产生人、物、资金、信息等的流动与转移，达到城市内部的相对均衡状态。从另一个角度而言，城市各功能单元间因为势能的差异而产生各类能量的传递，进而形成差别的"区位势能"。

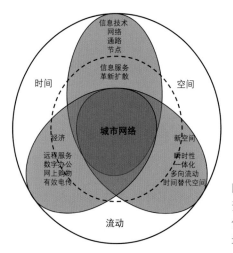

图 2.4 城市网络空间外部环境与要素示意
资料来源：根据"沈丽珍，甄峰，席广亮.解析信息社会流动空间的概念、属性与特征 [J].人文地理，2012,27(4):14-18"改制。

一方面，差异化位势带来的流动涵盖城市各中心的流动，并在一定程度上推动城市形成多中心的空间结构，使得城市服务的效率大大提高。另一方面，城市阴影区由于邻近城市中心区，这类区域首先存在功能的相对劣势，其次也需要承接中心外溢的功能，因而城市中心区与阴影区及周围邻近的区域均存在各类要素的联系流动，可能带来新的中心的形成或者原有中心规模尺度的扩大，这反过来也会进一步成为城市流空间的发展动力。此外，诸如城市阴影区等空间单元在城市内部尺度也能起到过渡舒缓的作用，它以其便利性、可达性、相对低成本等优势推动内部网络联系与相互作用。

2）内部空间单元破碎化，带动元素重构

随着信息化、城市化的推进，城市实体空间被不断涌现的新兴的、职能分工各异的空间单元打破，呈现空间破碎化与网络区段化特征[12]。城市综合体、产业园区、大学城、中央商务区等均属于城市成长空间单元，在其带动下，城市阴影区成为次级生长单元，它们在区域化竞争与城市自身空间扩展的需求引领下，逐渐成为城市空间结构的主要组成架构元素。由于各类元素各自分工职能的差异，人与人、社会群体与社会群体需要通过交流与流动来满足其生产生活需求，最为典型的是城市阴影区与相邻中心的劳动力、公共服务设施等的需求与供给流动，这一流动与联系便将这些空间单元编织在一起，形成复杂的产业、社会、文化等空间网络，从而将城市演变为一个完整、开放、复杂的网络结构。

城市作为一个系统，其内部的中心核的流动性特征会在一定程度上影响其特定界限与范围内的其他中心核。若其中流动的速度与强度加大，对承接其功能的城市阴影区及外围片区的冲击性影响力则会变强，此过程可能产生格局性变化，继而产生一种与时空随机相类似的空间模型。具体就空间而言，点、线、面及其不同的组合方式在几何学上一直被认为是城市空间结构的基本构成要素。从网络研究的图论视角，本书认为城市网络空间结构包含三个主要构成：①节点，主要是城市中的商业、居住等一系列活动的流通中心，如中央商务区、卫星城等；②线，主要包含实体线路与虚体网络连接线，如城市中的公路、铁路、基础设施线路以及人群流动、信息交流、资金流动等的流动网络等；③面域，指的是城市中的经济活动、核心节点、土地利用等的辐射影响下所呈现出的空间状态与形式[13]。这些要素建构起系统内部的片段，最终在一定的组织机制与行为模式引导以及外部环境的影响下实现城市动态网络结构的运作。

3）空间分工驱动位势差，促进要素流动

网络形成的基础在于要素的流动，流动存在的前提条件是位势差异，这一差异具体表现在由有到无、由强到弱、由高到低的自发性运动，是一种静态转向动态的过程。这一过程在城市内部联系中指的是源于不同片区空间分工所产生的引力。在经济学和社会学领域，空间分工有着丰富的内涵，这一术语1979年由英国人文地理学家麦茜（Doreen Massey）首次提出，并从产业分工和职能分工两个角度来解释区域间的发展不平衡问题[14]。不同空间尺度下的空间分工载体也存在差异：在区域层面，城市、企业及产业是空间分工的主要载体；而在城市层面则转变为各单元片区、功能业态及产业。从城市内部联系角度出发，本书认为空间分工具体体现在功能分区、业态分工及空间分异三个方面。

功能分区指的是在一定区域范围内，城市社会经济发展所具备的作用和能力[15]，对

外指的是城市为其所在区域范围提供的基本功能，对内则表征的是服务于城市内部活动的功能分区。功能分区对于城市内部网络的形成与发展的影响主要体现在：城市各片区因区位条件、资源禀赋、人力资本等方面的差异而影响其在空间分工过程中对城市整体资源要素所能发挥的力量，这种力量的差异使得城市各项功能存在互补与协作，而促使城市各单元片区之间的联系与互动。

业态分工是指在城市发展演进过程中，整个产业业态系统中的业态门类逐步精细化、分工类别逐渐多样化的一种社会经济基本运行规律。经济学通常将业态分工具体细分为水平分工与垂直分工：前者指的是城市内部发展水平或者阶段相似的片区之间所形成的分工合作；而后者与前者相对，指的是在发展水平存在较大差异的片区间形成的等级化分工。现实情况往往是各个片区同时参与水平分工与垂直分工，即混合分工或者网络分工，这也是业态网络形成的根本所在。

空间分异主要指城市社会阶层在产业业态发展的过程中出现的空间占用分化甚至隔离现象。本书将其与空间紧密关联，以城市个体作为主要对象，着重考虑其在空间关系上流动的差异性。空间分异在城市内部最为典型的表现在于职住不平衡现象，具体解释为各阶层的城市居民因承租能力、居住效用的差异而形成居住地与工作地相对分离，进而出现职住空间上的分异。这一分异带来了不同的空间联系对象及路径，从而丰富了空间意义上的流动。

4）技术创新改变交流方式，促进空间网络化

技术创新指的是生产技术创新，具体包含新技术的开发及对已有技术的应用创新。熊彼特将生产要素与生产条件的新组合引入生态体系视为创新，并指出其实质在于建立一种新的生产函数[16]。其中，设施建设的技术创新、交流方式创新及信息技术创新是三类对城市空间结构网络化影响最大的创新方式。

设施建设的技术创新包含基础设施及城市交通组织方式的创新。基础设施所兼具的经济属性及社会属性能有效引导城市空间生长与网络化组织结构的转变。一方面，诸如医院、学校等公共服务设施的规划建设，大大提高了区域的可达性与便利性，对城市人口分布、土地价格、房地产等具有重要影响，带来的空间区位转变会在整体上改变城市空间组织结构[17]。交通设施方面，城市交通方式的转变对城市空间形态的影响不言而喻，交通设施由普通公路升级到高速公路进而发展到如今普及的轨道交通，也导致城市从传统的"步行城市"到"汽车城市""公共交通城市"的演进。新建的交通线路会根据城市空间结构的网络化发展方向而发生转变。值得一提的是，对于中心城区与外围片区而言，由于其空间

尺度及人口集聚程度的差异，轨道交通站点的"流动"能级影响存在一定差异。在此过程中，受新的交通方式的诱导，城市内部各节点内部及其相互之间不断流动，从而不同程度地引导着城市空间扩展和形态结构改变[18]。

就交流方式创新而言，"面对面"的交流方式并没有因为信息与通信技术（ICTs）的运用而相应减少[19]。电话、邮件、社交媒体等现代通信方式的广泛应用在很大程度上解决了很多跨地域的沟通问题，但仍无法逾越甚至替代人与人交往的最高级与最终极的形式，也即"面对面"，其参与主体是人与人，但实质上是人与空间。网络与电路的流动承载着人交流的信息流，具有瞬时传递的优势，也体现了理想流动的标准；而地方环境或情感依赖是人对空间的一种主动黏性，其中必需的空间位移通过实体交通方式推进，推进了其与地理空间的摩擦性，从而增强了实体流的流动性。

信息技术创新对城市内部流动最为直接的影响是增加了不同片区的多方面合作，包括经济合作、创新合作、技术扩散等，这些类型的合作的展开，促使了城市内部联系的增加。在城市外部层面，信息技术创新带来的信息流对人群空间移动及其相伴的物流、技术流等的衍生与流动有实际效用；在城市内部尺度，技术创新深刻地改变着人们社会和经济生活方式，人与人、人与物、物与物等的相互流动及联系的作用方式发生巨大变革，在增加城市复杂性的同时也改变了其活动空间组织方式[20]。信息技术创新对活动空间组织方式最为直接的影响在于其对城市居民通勤、购物、休闲等日常活动出行的影响[21]，这一影响也深刻转变了传统的空间观[22]，进而促使网络空间、流动空间的兴起与普及。

5）规划政策自上而下，引导多中心网络化发展

城市内部联系不仅受到空间分工、技术创新这类自组织与被组织作用力的影响，同时也受自上而下的规划设计与政策调控驱动，三者交替作用建构起城市空间结构网络化的力量。从城市发展历程来看，有计划、有战略的主动空间规划引导行为始终贯彻于城市网络体系的进程。

规划政策是一种典型的自上而下的人为规划设计和政策调控，它对城市空间结构的演变具有深远的影响[23]。规划引导对城市空间结构最为直接的影响体现在通过城市价值体系的判定来引导城市发展目标，从而提出城市未来空间结构的设想；对城市功能布局进行空间规划，从而调整城市空间增长形态；调控土地、房地产等公共领域市场，促进城市空间发展的相对平衡与稳定。事实上，国内很多城市是通过城市规划的引领而实现多中心发展目标的，如北京的多中心空间结构[24]、武汉的多中心空间结构[25]等。

2.2.2 城市空间结构演化对城市阴影区的作用关系

在上文分析城市空间结构从静态等级向动态网络转变的驱动机制基础上，本节从点、线、面三个维度对城市动态网络结构进行具体解析。

1）节点特征：强化节点性、弱化中心性

作为几何要素中最基本的构成形式，点要素是构建一个相对完整的体系的基础，也是"线"与"面"存在的必要前提。将点要素置于城市背景下，它便成为最基础的城市空间图元，与其他要素一并组建出城市体系。就点要素在城市空间结构的研究而言，存在城市中心体系与城市动态网络体系的本质上差异：前者更强调中心，而后者偏重于节点。

在城市中心体系研究中，城市中心体系被认为是由城市内部各中心区构成的整体[26]，这一理论在肯定其整体性的同时，也强调城市各中心的等级关系、差异性及非均衡性，导致各中心区之间的差异化空间及错位化业态发展，最终呈现出的是严格等级化的金字塔结构。相较而言，城市网络强调的是节点，按照集聚程度可划分为普通节点与核心节点。核心节点脱胎于城市中心，主要是指空间活动最密集、最活跃、与周边联系最强的功能集聚点；相应地，普通节点则是那些空间活动密集度与活跃度均较低、与周边联系较弱的功能集聚点。例如，城市阴影区一般可以看作城市动态网络结构中的一个普通节点。需要说明的是，城市节点不一定都参与城市网络的建构，只有连接节点才对城市网络真正发挥作用，反之为孤立节点。城市中心体系与城市网络体系的关系可归纳总结为表 2.2。具体而言，节点这一空间元素在城市空间结构网络化体系中表现出整体特征、分工协调特征和动态均衡特征。

表 2.2 城市中心体系与网络体系的中心与节点比较一览表

	城市中心体系	城市网络体系
主体	中心	节点
构成单元	按照中心在城市内部公共服务设施中的服务范围，划分为主中心—副中心—区级中心	按照节点在城市网络中发挥的作用及集聚程度，划分为枢纽节点—半边缘节点—边缘节点
职能关系	主导职能按中心等级划分关系	各节点间功能存在分工与互补关系
联系特点	按照等级进行垂直、单向的联系	依照网络实现垂直与横向并存、双向的联系
空间尺度	相对固定	动态变化
制约因素	公共设施服务能力决定其规模	集聚联系程度决定其大小

基于"流空间"的整体性特征：在城市中心体系中，各城市中心呈现出分散状态，而在城市动态网络体系中，各城市节点通过人群流、信息流、交通流等方式在功能上实现互动与联系，从而体现出整体性特征。城市各节点之间存在内生的相互联系性，这一联系是基于节点之间的"流动空间"而产生的。具体而言，城市网络中节点要素在流动要素的支撑下，以城市交通系统为实体空间的基础通道，以虚拟网络系统为虚体空间的承载通道，在产业生产、公共服务、市场运营、物质运输、信息传输等方面紧密联系、分工合作，而其中一个枢纽节点的变化必将影响其他各类型节点的正常运作。以城市阴影区作为其中一个可能节点，它与邻近核心节点或者城市内部其他节点的流动联系可能体现在职住通勤、生活型公共服务设施的承接、城市流动记忆的承载等方面。

城市网络中的各节点的形成本质上可以看作城市各项功能在空间尺度上的"集中式分散"（concentrated deconcentration）互动过程[27]。功能意义上的城市"多中心"空间结构强调各节点之间在信息沟通、横向组织等方面的一体化效应，在保证其自身相对稳定性的同时也与其他节点之间存在互补促进的效用。最为典型的例子是城市网络节点对人群的日常通勤、休闲娱乐等各项活动的整体性布局，这一方面是自上而下的政府决策、规划布局等对于资源调配的结果，另一方面也受人本角度中人群互动过程对城市空间自下而上的实际使用影响。整体而言，城市网络实际上是城市功能服务的重要架构，其面向的是城市当中的各种流动要素主体，在联系与互动过程中不断扩大其服务范围，从而建构出一个相对完整、外向的城市功能服务系统。

分工协同特征：城市内部网络各节点的分工协同源于自身的组织协调与规划调控。一方面，各节点因其自身区位及服务能力的不同导致其主导功能的差异化分工，如商业核心节点、商务核心节点、居住核心节点等指向的是城市中不同人群及其活动类型；另一方面，从城市体系这一整体角度而言，网络中各节点的主导功能分工合作、错位协同，在相互联系与互动的过程中共同建构出服务于全城尺度的相对完善的运作架构。梅吉尔斯将区域网络节点的协同配合划分为合作型的水平协同与互补型的垂直协同[28]，本书认为这一划分方式在城市内部尺度同样适用。城市网络中的核心节点因其在区位、规模、集聚程度等方面的优势往往承担着较大部分的城市商业、商务等核心功能，而普通节点多承担的是其他生产生活功能，这也导致核心节点的经济效益往往远高于其他普通节点，两者形成的是强与弱的垂直性功能互补关系，如城市中心区与其周边阴影区之间的互动合作模式。相较而言，处于相似区位等条件的节点之间因其运作机制等方面的一致性，往往存在相互间的水平分工模式。两种模式共同促成理性的城市空间发展格局。

动态均衡特征：城市网络中的各节点在流动要素的相互作用下，呈现出动态变化的特点。例如，人群会随着天气、重大事件、基础设施等方面的影响而呈现出不同的流动集聚方式。同时，各节点也是城市空间发展的核心与聚集点，在流动联系过程中具有较强的外向服务作用，其流动性越强，集聚与分散作用越剧烈，外向性也越强，空间的均衡度也就越高。总体而言，均衡的城市网络空间结构有利于缩短人群通勤成本，形成更好的职住平衡状态，从而使得交通总量降低，达到低碳、生态、人本导向的理想城市状态。

2）连线特征：多向流动、分级速度、强度差异

作为城市网络中流动要素的物质支撑，连线是联结枢纽节点、半边缘节点、边缘节点以及其他片区的纽带和桥梁，它代表着城市网络的主要流动或延伸的方向，指引了城市未来主要发展方向。按照流空间的二元属性，连线也可划分为在地域空间上具有明确实体的交通流线和基于虚拟互联网的网络流线，两者共同交织成城市中的网络。在城市内部尺度，交通流线具体包含轨道交通连线、公路等道路连线，这也是全球化与城市化进程所带来的现代社会物质流动与人群流动的必然要求；网络流线承载的是信息资源，是促进流动的重要前提条件。

按照连线的重要程度，可将其划分为骨干连线与一般支线；按照其是否具有方向性可分为无向线和有向线。不同体系中，连线的特征也存在差异。城市中心体系理论中，连线的方向性是单一的，均由高等级中心向低等级中心传输物资、信息、产品等物质；相较而言，城市网络系统中，内部流动要素联系的方向是基于各类节点的多向流动，导致节点间的联系不论在总量上还是在多样化程度上都有所增加。同时随着出行方式等相关技术的改进，地理区位以及距离因素对于网络体系中的节点联系的制约力逐步降低。

多向流动特征：不论是信息流、知识流、技术流等无需与物质空间相匹配的隐性流，还是人流、运输流等需要物质空间的显性流，其联系方式都是以枢纽节点为中心的网络多向流动，节点两两之间的联系是双向的，但将其置于网络中，节点之间的联系则是多向的。城市阴影区不仅与其邻近高度关联的核心节点有着密切的功能承接联系，同时也是核心节点与其他节点及外围区域联系的过渡性空间，两者之间存在着多主体、多时段、多方向的互动流动，带来物质与功能的交换。不论是隐性流还是显性流，其流动特征均可被归纳在服务流与被服务流的方向体系中。顾名思义，服务流即为保障城市各项职能运转而进行服务的要素流，其集聚效应下可构成城市中心；而被服务流则是需要向城市中心获得相关功能需求的要素流。进一步可以理解为，若服务流与被服务流向单个中心汇聚，该模式通常表明城市具有单中心结构，若服务流与被服务流向多个中心汇聚，该模式通常表明城市具有多中心结构。需要说明的是，此处的单中心与多中心是动态流动作用结果下的功能多

中心模式。

分级速度特征：随着基础设施的不断完善及改进，城市内部的交通联系从最初的普通公路升级到高速路进而演变为如今的轨道交通，这三种出行方式的改变带来出行阶段的演化，进而影响城市流动的速度及效率。同时，出行速度的提升也带来城市各项服务职能的升级，城市中心也由原来的微型自给自足的状态演变为兼具日常工作生活与休闲娱乐的多元开放态势。

城市的多元开放带来原居民与外来客的流入流出，具体呈现通勤模式的钟摆式潮汐特征，这也是城市动态空间结构的基本特点。轨道交通大大缩短了通勤时间，提升了城市要素流动的速度与效率，也促进了除通勤以外的城市观光、旅游等闲暇行为的盛行。具体以人群流动为例，城市内部尺度下，其出行方式包括公共交通、私家机动车与非机动车、步行等，尤其在如今低碳出行理念的引领下，公共交通逐渐得到提倡，其承载的人群往往在通勤时流入和流出状态下对空间职能的诉求各异，进而导致城市功能需求依托多交通枢纽或者站点进行功能组织的结构布局。

强度差异特征：在城市动态网络作用下，包括中心区与阴影区在内的城市各片区之间存在强度差异，且这一强度是指向流动的强度，具体可定义为单位流空间体积内的流要素的数量，也可称为流的密度。例如，就城市交通体系而言，不同片区之间的流动联系强度可采用交通 OD 流的密度进行表征，片区间的流动强度差异研究也是道路路网空间布局以及实时交通管控的基础。同时，这一差异还体现在不同属性的流动要素之间流入流出相碰撞后的结果。按照属性，可将流入要素划定为地方流，流出要素则是外来流，同时这种流入流出是一对相对关系。在城市内部各空间单元的流动联系网络中，不同流动要素的流入流出带来了空间交互，同时也导致相互间不均衡、实时波动的强度差异。

此外，空间区位差异对于流动要素的强度建构有着较大的影响。城市枢纽节点往往位于各片区中交通可达性高、配套设施齐全的黄金地段，但其在中心城区或外围城市中的服务人群及流动态势不尽相同。在外来流与地方流的相互作用下，城市中心的物质空间边界与社会边界均可能发生不同程度的变化，这也与社会认同与排斥程度有关。如一物质空间的使用频率越高，则其社会空间边界的高度认同感则越容易形成；当外来流要素在重塑物质空间的发生频次超过地方流，则往往代表着外围城市中心的形成与重构。

3）子群特征：多层能级、新型空间

城市网络中，除去点和线，剩余的部分便是面，它具有一定的空间范畴，是点要素和线要素存在的空间基底。实际上，面可以看作是各节点影响和辐射所及的空间范畴。随着网络中的节点逐渐变大，其相互间的联系慢慢增强，其中一些相同或者相似的节点连同其连线会彼此吸引而集中成团状结构；同时，这一类型的团状空间之间的联系相对较少，最终导致城市网络整体划分为几个次级团体的组织结构，这在社会学中被称为子群（subgroup）或社团（community）。

多层能级特征： 由于流动的集聚与扩散效应，导致流具有不同的能级差异，这种差异表征的是不同"高程面"上的层次分级。由于各类元素流所汇聚产生的节点在地理区位、地价、交通便捷性等方面存在差异，故其服务的对象与空间范畴也存在一定差异。如位于城市中心城区的城市中心服务范围必是面向全城范围，提供的也是相对高层次的服务，其重点在于空间的高度。这类中心对空间的需求性与决定性均高，这也决定其中心性特点。相对而言，城市外围区域的流集聚节点则强调广度上的空间要求，具体体现为个体劳动的分销贸易组织方式，这也决定其分散式特点。功能也是流的能级性需要重点考虑的一大因素，如日常性职能越趋向流入城市中心城区外围，而非日常性的职能的加入则往往会引发城市中心的中心性提高。由于不同能级、不同功能区域的地理距离导致的通勤时间的差异，往往日常性的流动所形成的城市中心不具有强烈的中心性，这也能解释参与服务流的人群对地理临近性高度重视的现象。

新型空间特征： 城市网络中的流动空间结构模式中凝聚子群的构成一部分还体现在新型空间的扩展，其中创新空间是最主要的类型之一。创新是城市当中的行为主体在流动过程中的复杂互动过程，也是嵌入人居环境内的社会过程。新型创新空间在微观层面需要开放的"面对面"交流，实质上是人与空间的具体参与，是连接人与人、人与空间、空间与空间之间的媒介；中观层面，第三空间的诞生实现了跨越空间界线的灵感交流，这也促进城市空间中强弱关系网络的建立，从而实现产学研创新主体的知识交流及知识溢出；宏观层面，创新空间进一步促使创新的集聚与流动，使其回归到城区，从而实现城市的网络节点型结构的发展。

2.3 数字动态视角下城市阴影区时空演化

城市空间结构由静态等级向动态网络的转变，给城市整体空间的发展带来各空间要素维度的特征变化。本节将重点分析在这一转变的背景下，城市阴影区作为其中相对弱势空间，在空间、时间以及时空复合维度会有何种具体响应；在动态网络结构中，城市阴影区会出现何种相应的时空效应。在其产生的响应与效应双重作用下，结合各城市实际案例，探究位于不同发展阶段或者空间类型的城市整体背景下，城市阴影区将呈现出哪些空间状态及结构特征。上述问题均是动态网络视角下城市阴影区研究需要关注的核心问题。

2.3.1 数字动态视角下城市阴影区的时空响应路径

城市阴影区作为城市的组成部分，两者相互影响，并形成局部与整体的组织关系。在城市整体动态网络关联结构作用下，城市阴影区内部、邻近中心区及其他空间片区均会发生各类要素的流动与联系，从而与之形成相应的时空响应。在此响应过程中，城市阴影区在空间、时间以及时空三个层面均表现出一定的特点，具体可分为以下三个层面。

1）空间层面的相对孤立与网络融合

在空间层面，对于城市阴影区这一空间本体而言，在城市中心区的辐射溢出作用下，城市阴影区的空间分布相对破碎，从而导致各片区的空间分离与相对孤立。这一孤立也是其凹陷空间形态、碎化内部空间单元、裂变功能组织等方面的具体表现。在城市动态网络的研究视角下，城市阴影区与内外空间单元都存在相互关联作用，但其物质空间层面的相对劣势仍然存在且难以在短时间内消除，故而其与外界空间的相对隔离仍将保持。此外，在城市动态网络中，城市阴影区虽然发挥不了核心枢纽的作用，但作为其中的一个网络节点，城市阴影区对于整体空间结构的建构、支撑以及运行至关重要，这在一定程度上也显现出阴影区作为空间节点融合于整体网络的发展趋势，是其未来空间拓展或者负面效应部分消解的重要路径之一。

2）时间层面的协同承接与负反馈

在时间层面，由于各类要素流动的实时性，城市阴影区对于内外环境变化的应对也具有一定的协同性，具体表现出的作用类型为承接与反馈。从本质定义上来看，协同的关键在于内部系统与外界的时空维度或功能序列层面的相对同步性[29]，而由于空间邻近性以及强关联性，城市阴影区与中心区之间的相互作用虽然是在一个外部大环境中进行，但基本符合协同关系。具体来看，城市阴影区一方面承接的是中心区实时溢出的人流、物流、信息流等各类流动要素；另一方面，从相对长远的视角来看，其承接的实质上是这些要素所复合形成的实际职能，从而演变为其具体的业态，这也是多方力量共同作用的结果。但是，这一承接过程是双向而非单向，一是由于流动要素的多方向性，二是阴影区物质空间虽相对劣势，但由于自身的部分优势资源，其所产生的空间效应也具有一定的辐射力，作用于城市中心体系则演变为负反馈，在一定程度上能影响中心区内部吸纳的部分人群构成以及数量，同时也能对其中的形态、功能组织方式产生相应影响。

3）时空层面的多元化互动与演化

在时空复合作用下，城市阴影区与同类型空间单元或与整体城市之间形成同时空性以及相互影响的自适应或他适应空间现象，具体可整合为多元化空间互动与演化。多元化具体指两个方面：一个是同一时间维度下，城市阴影区应对不同作用对象所呈现出的多种空间应对方法；另一个则是随着时间维度的变化，其针对不同时间点或者时间日而做出相应具体空间响应路径的动态演化。实际上，城市阴影区的内外联动在其自身要素之间、要素与外部系统之间、要素与外部环境之间均会呈现出多层次及多元化的对应互动，进而形成时空序列的动态复合演化。

2.3.2 数字动态视角下城市阴影区的时空发展效应

在城市空间结构由静态等级向动态网络演化的进程中，城市阴影区受城市内部空间的非均质集聚与非均衡扩散、中心职能与非中心职能的空间分异以及政府自上而下的规划政策等多种因素的共同作用而形成。在此过程中，其内部各空间要素也产生了相应的空间变化，从而衍生出根本性的空间效应，并推动城市阴影区的动态演化。

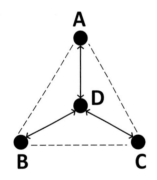

图 2.5 结构洞示意图
资料来源：改绘自http://wiki.mbalib.com "结构洞" 词条附图。

1）全局层面的孔洞式洼地效应

城市是一个相对完整的结构体系，城市阴影区则是其中的空间孔洞，其中的开发建设程度、业态等级、风貌形象、对外联系强度、公共设施集聚度等方面均相对周边片区形成较为显著的塌陷，成为毗邻城市中心区结构的洼地。从网络的角度来看，城市阴影区也存在网络中结构洞的部分特征，即在城市网络中，城市阴影区一般多与邻近核心发生直接联系，但与其他片区的联系相对较少，从而存在个体间的相对联系断裂现象，最终导致网络整体上似乎在网络结构中出现了洞穴[30]。根据结构洞理论，如图 2.5 所示，"D" 与 A、B、

C 中的任意两者之间的关系结构就是一个结构洞。因为，A、B 和 C 都与"D"有关系，但是三者之间却不存在关系，相当于有一个空洞 (hole)。"D"如果希望把信息传递给 A 、B 和 C，需要分别联系。

相较于结构洞概念，本书倾向于将城市阴影区称为城市空间结构的一种孔洞。孔洞是一个既定完整的整体中相对空余的部分，但表现出的仍是具有整体性的结构，它具有广泛的适应性和可持续性。具体而言，在形态方面，城市阴影区呈现出的是较为明显的空间上的形态塌陷而非社会网络联系的断裂，是现实存在的空间相对低值区。需要说明的是，孔洞是一个相对概念，在不同空间尺度上所呈现出的空间位置不一。如在城市中心区层面，被划定为中心区阴影区的片区可能置于城市整体层面则为核心节点的内部组成结构。在对外联系方面，城市阴影区自身为一个相对开放的系统，故它与包括核心节点在内的周边片区间存在的是多维联系，但由于其实际上处于交通可达性相对较低的区位，故与周边联系的效率可能相对较低。在承担的功能方面，城市阴影区更多承担的是对周边核心节点的服务职能，为其中的部分就业人员或者相对低收入者提供相对低端的服务业态，与节点内部相对高端的业态形成功能互补的承接关系。总之，阴影区作为城市中的孔洞式洼地，对城市中心区的发展起到至关重要的作用，也是城市空间结构的重要组成部分。

阴影区的产生与发展可以算是一种典型的空间集聚扩散带来的发展不平衡现象，从经济学角度也可以认为是开发成本与收益水平共同影响下的结果。同时，在城市空间结构演替过程中，阴影区也是一个相对动态变化的过程，按照其稳定程度，可细分为"绝对孔洞"与"半孔洞"。一方面，城市中心区对其产生"阴影"效应，具体体现在与外界的要素流动联系相对受阻，从而发展成为阴影区，是城市结构中的"孔洞"；另一方面，被"阴影"的部分在其演化过程中也有可能并入核心节点并成为其中一体化的组成部分。当核心节点的集聚扩散效应只有效针对城市阴影区的一部分时，相对稳固的片区持续被"阴影"，则成为"绝对孔洞"片区，而没有稳定被"阴影"的部分则可以形成相对自由独立的发展空间，从而成为"半孔洞"片区。"绝对孔洞"和"半孔洞"是一个相对动态变化的过程，城市阴影区可以通过一定的自身发展对策来主动消减阴影效应，而周围的非阴影区部分也可能在城市时空发展过程中而演变成未来的"阴影区"。故而，城市阴影区是一个动态变化的"孔洞"，受来自内外作用力、政府规划政策等因素的综合影响。

2）多维联系的承接与对流效应

城市阴影区与城市间的关系可以是相对静态的，因为城市阴影区在空间上是作为一个实体存在。然而，从城市阴影区所承载的功能来看，它与邻近核心节点及外围片区之间又存在多维度的联系，具有典型的动态性。在这一过程中，流动起到至关重要的作用，城市阴影区在邻近核心节点的带动下，成为流动要素的放射、交叉、聚散的承载地，具体表现为承接与对流关系。这一关系的形成受城市阴影区与邻近核心片区及外围地区的不同区位条件、功能特点及产业链等因素的影响。城市阴影区多毗邻城市核心片区，这一方面意味着其邻近较好的公共服务设施水平、便捷交通可达性、专业化市场等良好资源，具有相对于城市外围片区的显著优势，另一方面也意味着城市阴影区需要服务于核心片区并承接其溢出功能。在经济全球化与信息化的时代背景下，城市中心区具有向控制、决策等职能转变的趋势，而部分日常生活性及相对低端生产性服务功能则向外围迁移。受规模集聚效应影响，核心节点与阴影区一道组成不同的业态集聚区，从而产生互补的人群吸引力。一般而言，城市中心区的主要业态类型为智力密集型产业，如高端的商务办公、金融商业、休闲娱乐等职能，而城市阴影区则是日常性的餐饮、零售商业、加工制造等劳动密集型产业导向。在城市空间的集聚外溢过程中，城市阴影区与核心节点之间的集聚与扩散的对流关系不断持续，形成相对稳固的结构体系。

按照城市阴影区处于城市内部的不同空间位置，可将其划分为老城内部核心节点周边的阴影区、新城或新区节点周边的阴影区，两者所呈现出的最终状态相似，但发展过程不一致。前者是由于高昂的土地价格及可能存在的产权遗留等问题，导致可达性较差的阴影区片区难以被开发，从而其中大部分的开发建设强度及形态不得不维持原有状态，在循环累积效应的作用下，其发展愈加滞后，与邻近核心片区的相对差距愈加扩大。后者多数为规划政策引导开发，核心区范围基础设施、建设强度等在短时间内远超其周围片区的发展，其空间集聚外溢过程相对缓慢，而由于相关经济成本的限制，两者的开发程度在一定时期内呈现出较大差距从而引发城市阴影区效应。总之，两种情况下，城市阴影区均为其邻近核心片区提供功能承接及对流服务。

具体而言，对于承接对流效应，从流动角度来看一般认为体现在三个层面（图2.6），包括支撑日常运转的动力流动、支持经济运行的资本网络、决策层面的意识决策。在第一层面中，城市阴影区日常运转所需的动力流也是形成其内部结构的重要支撑，其中既包含以人流、物流为代表的显性交通流，也囊括承载虚拟世界中的信息、资本、技术等的隐性流。两者共同参与到城市阴影区内人群的生活、工作、休闲娱乐等日常行为活动中，既有个体行为，也有集体组织。值得一提的是，这两种流动要素并不局限于阴影区内部，而应该与其外围片区有着一定潮汐运动联系，但与核心节点的联系强度应属最强。第二层面是从经济建设的角度考量，为维持阴影区内部土地与建筑等建设，同时也为保证其与外围联系的顺利通道，资本在其中起着重要的前提作用。资本作为经济网络的重要流通要素，其根本来源可划分为政府来源与社会来源，前者更倾向于公益性质，后者则多为生产性质。在第三层面中，意识流是作为阴影区有无及具体状态的最高核心，并体现在决策上，是一种自上而下的规划支配行为。城市阴影区的生成、生长、消解、重生等状态均受核心节点发展水平的影响，这也是政府开发行为与自下而上生长行为的综合结果。

图 2.6 承接对流效应的三个层面示意图

2.3.3 不同发展阶段对城市阴影区的时空演化影响

城市空间结构由静态等级向动态网络的转变是其发展的必然趋势[31]，然而这一转变并不能一蹴而就，而是要经历不同的演变发展阶段，而城市动态网络的不同发展阶段也对应着城市不同的空间格局。从社会网络的视角看，点、线、面是构成城市动态网络的三种基本要素，这些要素的不同组合则对应着城市动态网络的不同发展阶段（表 2.3）。

表 2.3 城市网络化空间结构要素的组合模式

要素及其组合	网络空间子系统	网络空间组合类型
点—点	节点系统	城市中心体系
点—线	轴核系统	城市发展主、副轴体系
点—面	功能集聚区系统	核心产业园区、城镇集聚区
线—线	基础设施系统	道路体系网络、电力网络、通信网络等
线—面	廊道系统	生态廊道、工业走廊
面—面	片区系统	新区
点—线—面	城市空间一体化系统	城市网络系统

资料来源：根据"聂华林，赵超. 区域空间结构概论 [M]. 北京：中国社会科学出版社，2008"改制。

在流空间的作用下，城市经济活动的集聚与扩散发生"重构性"的转型，从原先依托场所区位及等级体系逐渐向突破传统等级格局、实现跳跃性的扩散模式转变。从宏观视角来看，城市空间结构的多模式演化实质上是其形态组织结构的变化；中观视角则体现为城市中各功能片区在市场竞争与宏观调控双重机制作用下的路径选择；而微观视角的主体是城市个体，具体表现为其综合时间、空间等成本因素后做出的流动决策。基于上述分析，本书从"动态演化"的视角提出城市动态网络的六个不同发展阶段（图2.7），各个阶段对应着其不同的空间形态，通过要素流动建构起其网络体系。

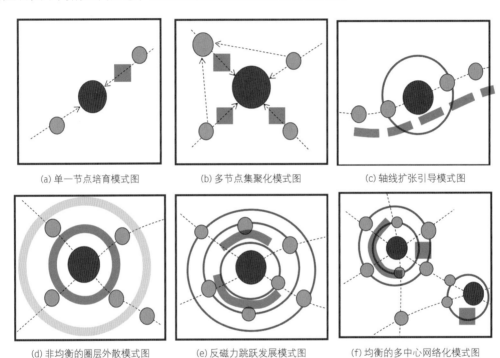

(a) 单一节点培育模式图　　　(b) 多节点集聚化模式图　　　(c) 轴线扩张引导模式图

(d) 非均衡的圈层外散模式图　　(e) 反磁力跳跃发展模式图　　(f) 均衡的多中心网络化模式图

图 2.7 城市内部网络化空间结构模式解析图

注：其中 ● 与 ● 为各级中心区，其余为不同形态阴影区

1）单一节点培育类型

在城市发展建设的初期，基础设施尚未完善，流动要素活跃度低，城市各功能集聚区也即节点未能形成较为完整的网络。在资源要素不足的情况下，城市内部仅有唯一的功能集聚节点作为增长极，其人流引力和集聚效应较为突出，承载着城市的综合服务职能，而其他节点的规模集聚效应不突出，呈现孤立碎化的态势。枢纽节点在规模、业态、活力、交通等方面均具有绝对的首位度优势，导致周边片区的各类要素资源的不断流入，而较少存在回流的现象，最终导致枢纽节点的绝对地位，这也带来城市外围片区发展滞后、内部发展不平衡的弊端。在这一发展模式中，枢纽节点成为这一阶段的发展焦点及联系纽带，

同时与城市内部的其他节点之间的联系密度逐渐降低，两者之间的扩散集聚不平衡带来了空间发展的阴影和漏洞，即城市阴影区现象的出现。

从区位结构分析，城市阴影区受枢纽节点的城市相对中心位置影响，在其与外围节点一并构建"核心—边缘"的空间分布模式的作用下逐步趋向相对稳定的中心化，形成以围绕城市中心区为主的城市阴影区空间布局态势；从交通区位来看，城市阴影区在枢纽节点影响下，对外交通可达性优势较高，享有的交通资源也相对较多，但内部由于开发建设的相对落后而形成"交通盲区"；从功能混合度来看，邻近枢纽节点的城市阴影区公共服务职能相对混合，但其首位度优势不明显，对于枢纽节点演化为城市发展的核心起一定的副作用。回归到流动角度，这一阶段流动要素尚未形成良性的"秩序"，网络化发展虽有一定的雏形，但整体结构优化度亟待提升，城市阴影区受核心节点影响较大，呈现出从萌芽演变为发展壮大态势，在一定程度上缩小了枢纽节点与周边节点之间的巨大差异。

安徽省蚌埠市是一座典型的山水城市，可将其城市特色总结为"九龙入淮分南北，十山环城联楚吴"。受山水自然资源及历史文化资源的影响，城市空间结构呈现为一主一副多片区的组织特点。蚌埠城市整体形成以淮海路主中心为主导、淮河文化广场副中心辅助的综合节点扩散发展格局（图 2.8 左），但将其投影到整体空间上，由于这一节点相对集聚且内部功能不尽完善，从而导致架构初步形成但体系失衡、各发展片区受自然要素影响而形成发展断裂带等具体问题。同时在城市商业商务集聚区向外扩张的过程中，部分片区因自身条件限制而发展成相对落后阴影区。如邻近中城国际广场、二马路汇金广场等核心片区仍存有斑块状拆迁待建片区（图 2.8 右），由于其发展相对缓慢，对于整体中心区的形态及风貌等均有一定的影响。

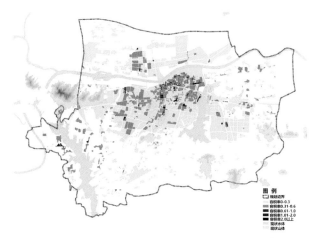

图 2.8 蚌埠城市现状开发（左）与典型阴影区片区空间分布（右）

资料来源：《蚌埠市总体城市设计》项目组

2）多节点集聚化类型

随着城市化进程的不断加快，城市基础设施等建设不断完善，枢纽节点开始从单纯的人流引力和集聚效应逐渐产生一定的扩散效应，这也相应地导致城市阴影区由单点集聚向多点分散模式转变。由于枢纽节点自身的迅速发展，其规模不断扩大，对周边节点的带动作用逐步增强。在这一发展阶段，城市内部逐渐形成多个明确节点共存的结构，节点间存在人群、资金、信息等的相互流动，同时与枢纽节点存在基础设施、土地等的紧密联系机制。在这种流动与联系的带动下，城市内部节点逐渐形成良性竞合的机制，具体体现在相互资源的共享和互通有无；同时，与枢纽节点一道，外围节点也在日益完善的交通网络体系及产业结构的支撑下，逐步承担起对周边城镇的带动作用。一方面，城市阴影区在多节点网络化集聚模式的作用下，分散成型于各自节点邻近片区的欠发展片区；另一方面，由于节点间的流动联系加强，阴影区效应逐步减弱，城市整体区域发展不平衡也得到一定程度的缓解。

这一阶段城市内部网络结构逐渐成形，其网络密度相对前一种模式有所增加，但整体而言，枢纽节点与外围节点、各外围节点之间的联系紧密程度仍有待加强，集聚化特征仍占据主导地位。在此作用下，城市阴影区效应虽相对降低，但却有多点萌芽的发展态势。整体而言，城市的多节点集聚发展结构初步形成，但扩散程度仍未得到全面的释放，带来城市阴影区的多点扩散，城市空间结构需进一步向扩散这一未来重点方向发展。

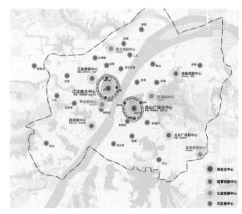 

图 2.9 武汉城市多中心布局（左）及汉正街阴影区实景图（右）
资料来源：《基于轨道交通的城市中心体系规划研究》项目组

武汉天然的地形条件将其划分为汉口、汉阳及武昌三个发展组团，在城市交通方式演变过程中，各片区也在不断强化其主导功能，而形成相对均衡的多节点集聚化发展结构布局（图 2.9 左）。尤其在地铁城市理念的带动作用下，其内部交通网络与空间结构交织，形成了分散多中心与走廊式扩展相结合的发展路径，城市内部联系愈加密切。但其空间扩张仍具有阶段性，导致部分片区的相对发展落后。汉正街片区便是在这一发展背景下，展开其自下而上的自然生长，形成了符合其主导功能的形态低矮、业态低端、风貌混杂的片区风貌，它与邻近的复地汉正街等片区形成鲜明对比，成为城市典型阴影区片区（图2.9右）。虽然这一片区表现出一定的活力特征，但从整体风貌与建设角度，仍会对城市整体发展带来一定负面影响。

3）轴线扩张引导类型

在城市内部集聚与扩散效应不断增强的作用下，各节点沿着其重点发展轴线形成相对规整的网状运行格局。各种流动要素沿着主要的道路或者基础设施，在相对枢纽的位置集聚成为一个节点，多个相同或者相似规模的节点在城市内部并存，具体呈现出"串珠"式的发展模式。在轴线扩张结构中，城市节点周边存在一条模糊的线性"阴影区"地带，具体多表现为年代相对久远、开发难度相对大、建筑风貌相对破碎等特征。在交通方面，这一阶段的交通逐步实现立体化与平面化结合开发，网络体系日趋完善，而城市阴影区在这一立体化交通方式的影响下，对外联系逐步加强，但内部的交通基础设施仍需进一步改善；在产业方面，城市阴影区内的中心职能空间比重相较于邻近节点片区急剧下降；在发展方向方面，各节点之间的相对区位关系呈现相对集聚态势，同时也在发展轴线的带动下，分散于城市的重点发展板块，城市阴影区为各板块提供相对低端的生活、生产性服务设施支撑，相互之间形成这一类型产业的相对集聚效应。在交通、产业、区位等因素的带动下，内部节点之间的联系密度和强度大幅度提升，外围节点的纽带作用愈发凸显，自身之间、与枢纽节点间的联系度越来越大，实现城市整体的多向生长、各节点依托发展轴线趋向功能一体化布局模式，而城市阴影区实现线性多维度延伸。

从发展历程看，外围节点之间及其与枢纽节点之间的联系方式经历了普通公路、高速公路、轨道交通的逐渐更替与交叠的复杂过程，城市阴影区在这一过程中实现了由相对封闭到开放、由相互独立到逐步线性融合、由空间分散到部分集聚的空间发展转变。其中，各类交通方式对不同类型节点的作用程度也不尽相同，根本原因在于其空间尺度的差异，从而带来不同的空间能效。在这一演进过程中，流动要素在多种交通形式的诱导下促进了城市新旧点轴及城市阴影区的渐进式扩散与交织，内部网络层次得以加深，但整体仍为一个相对非均衡的发展态势。

兰州受自然地形影响，呈现群山环抱之势，枕山带河，依山傍水，整体地势呈现西部高而东北低的特点，属于典型的线性发展城市。黄河作为引领城市发展的重要线性要素，由西南流向东北，横跨全境，而城市也依托黄河展开其城市风貌以及经济生长的空间骨架，由此也展开从单中心集中发展模式向轴线多中心有机疏散转变的城市生长历程。在城市中心城区空间资源及土地开发等趋向饱和的背景下，将新区作为城市副城的提升十分必要（图 2.10a），而在这一城市化过程中，新老片区内部存在多处原有村落，这些片区由于生长缓慢以及征地拆迁难等各种原因而难以跟上整体重点片区的发展步伐，从而形成集聚于核心片区的"脏、乱、差"空间局面，如城关区、安宁区、七里河区等多个片区内中心区存有断续的城市阴影区空间集聚带。以安宁区的迎门滩村为例，这一片区位于城市副中心片区，对外交通可达性高，具有较大的开发潜力，但目前这一片区仍处于城市发展的相对劣势地位，其公共服务设施匮乏、内部空间品质欠佳，不利于城市整体发展，属于典型的阴影区片区。为提升这一片区的自身及其对整体的发展作用，结合其既有资源，在此改造甘肃科技馆（图 2.10b），通过以点带面的生长方式来带动整体的改造与复兴[32]。

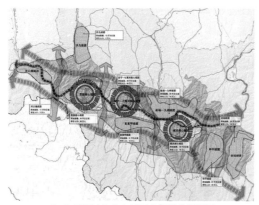 

（a）兰州城市中心城区空间结构规划图　　　　　（b）以甘肃科技馆带动迎门滩村发展

图 2.10　兰州城市发展规划结构与典型阴影区片区发展策略
资料来源：《兰州市城市总体规划（2011-2020）》项目

4）非均衡的圈层外散类型

多层次的流空间在各类廊道的引导下，逐步展开错综复杂的多层级外扩式发展，表现为圈层式的网络发展体系。枢纽节点作为圈层扩展体系的核心，承担着城市内部的关键性作用，对外围节点既发挥引领作用同时也与其展开一定合作分工。前者主要体现在枢纽节点的信息流转、要素配置、资源扩散的核心地位，以此按照各层次节点的需要，将信息、要素、资源等进行联合体模式的动态分配；而后者重点在于按照一定的分工协作基础，通过实际的内在流动联系形成综合区位、资金、规模等成本的分工协作网络。这一模式中，城市节点与其外围的阴影区等片区间存在明显的圈层关系。在空间形态圈层方面，城市节点作为一种高度集聚的核心空间，周边存在急剧衰减的中心阴影圈层，以及外围边缘的基质圈层，其中的阴影圈层在产业上多为单一的生活配套，与外围的服务产业为主的边缘圈层一道，共同服务于综合性功能的城市节点片区。

值得一提的是，圈层外散的模式虽是在强化枢纽节点的基础上按廊道逐层扩张，但其在一定程度上容易导致"摊大饼"发展迹象，城市内部节点围绕着若干个均质圈层，向城市多个象限方向随机扩散，故此种模式还是一种非均衡的发展状态。城市阴影区在这一非均衡的模式中，也存在片区发展差异特征，在其演进过程中，一方面逐步融入城市节点的中心职能片区中，另一方面其内部也慢慢走向功能混合化。

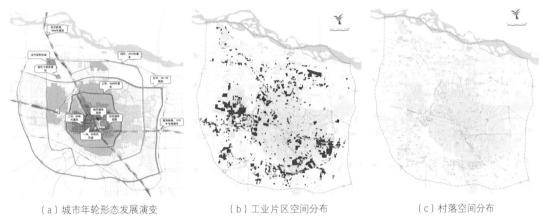

（a）城市年轮形态发展演变　　　　　（b）工业片区空间分布　　　　　　（c）村落空间分布

图 2.11 郑州城市整体空间拓展及两种潜在阴影区的空间分布
资料来源：《郑州中心城区总体城市设计》项目组

郑州作为典型的平原枢纽型城市，在其城市发展演进历程中，形成了从铁路轴向扩展到组团发展再到多圈层向外扩张的"年轮格局"（图 2.11a）。而目前郑州的重大建设主要为郑东新区、高教园区、惠济区、市级行政文化服务中心、高新区以及经开区几个功能板块，几个片区散布在老城区周围，空间零散，使得城市呈现分散建设、无序蔓延的建设状态。在此发展背景下，整体城市虽形成两主两副的中心体系①，但其功能结构不完善，对城区北部和南部的辐射能力相对有限。整体空间零散的发展模式及失衡的中心体系导致其内部出现多处阴影区，一方面随着主城区的"退二进三"及经开区、高新区的发展，工业用地逐渐外迁，但主城区内仍残存大量工业用地，占据城市开发空间，造成城市阴影区负面效应（图 2.11b）；另一方面，主城内部散落着多处在城市无序扩展过程中被"遗忘"的村落片区，形成空间"补丁"，但由于其占据较为核心位置，改造难度巨大，故而同样演化为阴影区片区（图 2.11c）。两类阴影区片区在整体城市空间中呈现出多圈层集聚的

---

① 两个主中心分别为二七广场主中心及郑东新区主中心，两个副中心分别为碧沙岗副中心和紫荆山副中心。

分布态势，其中阴影圈层与中心区相对距离越远，其效应越微弱，这也与郑州城市本身的空间拓展模式形成一定的呼应。

5）反磁力跳跃发展类型

在城市内外多种动力因素的作用下，各类流动要素在流向、流速、流量等方面不断地发生复杂的变化，城市空间的组织演变才能完成从量变到质变的过程。在城市空间的网络化结构逐步稳固过程中，由于枢纽节点与外围节点之间的互动增多，同时由于轨道交通等基础设施的建设，外围中心的发展机会增多，可能出现城市中的"跳跃"生长现象，也即新的枢纽节点的诞生。通常来说，这一节点多位于城市的外围区域，也即所谓的新城，它与枢纽节点在城市内部形成一定的竞争关系，并通过反磁力的相互作用进行联系与流动。

从另一角度而言，这一反磁力作用下诞生的节点也对城市网络化发展有着积极的意义。一方面，它与枢纽节点的良性"抗衡"过程也是城市发展由区块化向连绵体转变的动力所在，流动要素在两者的竞争中促进城市基础设施、市场运营机制以及相关功能的一体化，从而实现城市内部的一体化发展；另一方面，这也能在一定程度上缩小城乡之间的内在差距，强化各节点之间的联系程度。

反磁力跳跃结构中的城市阴影区出现明显环绕主要城市节点的碎片化特点。究其原因，这一结构处于向网络化过渡的阶段，其结构特点在竞争机制下尚不明确，故在实际开发建设中倾向于出现无意识开发的现象，这也导致城市阴影区在多节点的辐射作用下呈现碎片化的发展倾向。同时，在这一结构的功能转移过程中，邻近枢纽节点的城市阴影区需承载其溢出的更多非中心职能，其用地趋于饱和；而相应地，反磁力节点在其空间集聚过程中，也需要邻近阴影区进行自身功能整合与产业升级以满足其服务职能。在两种作用下，城市阴影区的碎片化多模式开发进程加快，具体呈现为相对孤立的块状居住及其配套职能空间。

无锡在其城市发展过程中，水系、道路及工业三项要素起到至关重要的作用[33]：水系是作为无锡城市骨架轴线存在，其古代城市的选址及建城均是依托内部鱼骨状水系展开；随后在经济、政治等各类因素的推动下，交通方式由水运向陆路运输转变，展开了组团均质扩张；而在其内部区县经济的带动下，城市大规模开发建设，形成圈层蔓延发展；最终在可持续发展及以人为本理想的导向下，城市逐渐呈现以太湖景观为导向、一定程度脱离主城区的"反磁力"发展效应（图2.12），这给中心城区的人口、交通、资源等方面均带来了疏解[34]。在城市集聚分布发展与年轮扩张相结合的生长过程中，原有位于老城核心区周边的部分工业片区更新改造难以适应现代化集约发展而逐渐衰败，最终演变为相对荒废且破败的阴影区片区。

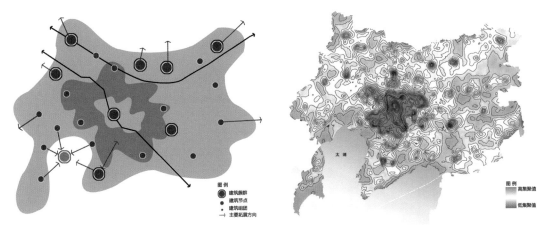

图 2.12 无锡城市空间结构布局
资料来源：《无锡总体城市设计》项目组

6）均衡的多中心网络化类型

随着城市内部各节点的联系活动不断加强、联系通道不断增加、等级性不断模糊，城市网络化中心体系逐步形成，城市达到整体化、系统化、一体化的相对稳定结构。从产业角度来看，这一结构模式能大大提高服务产业的运作效率，同时也能提升城市在资源调节、配置优化等方面的能力，从而提升服务产业的发展速度与效率。从交通角度而言，此种结构模式下的快速轨道交通网络及道路交通设施趋近完善，各节点之间的交通可达性不相上下。从业态角度来看，各节点趋向精细化和专业化的业态分工态势，其中水平分工与垂直分工结合、专业化功能不断创新，从而为更多高端服务业的诞生带来可能性。整体而言，均衡的城市网络化模式最终实现了多个专业化的复合型节点的协同一致状态，是城市空间发展的高级结构，也是城市市场化机制高度完善运作的结果。

由于城市节点之间的连绵网络化发展，相应的城市阴影区形成线状或者面状相结合的网络组团发展模式，分布于城市道路网络轴线之间，这种开发模式在显性与隐性连绵网络的作用下，易导致城市阴影区内功能相对单一化。在城市结构规模拓展的过程中，城市阴影区所依附的道路轴线体系随之拓展，形成空间范畴更广阔、服务作用更灵活的输配体系，单一功能的多斑块片区组成更为综合的服务骨架。

广州城市特色形态与格局可分别总结为"六脉皆通海，青山半入城"以及"白云越秀翠城邑，三塔三关锁珠江"，其中三塔三关是城市空间格局的限定标志。在此基础上，展开了由宋代的三城并立到民国时期的依托工业发展带动内外一体、东延南拓，再到改革开放前后的圈层式拓展，直到如今的多中心组团式的网络型生长趋向的整体脉络，城市实现了由单中心向多中心转变，从沿珠江发展向南拓、北优、东进、西联的空间发展战略

（图2.13左）。其中的山水城建构起相互融合的空间网络，也是内部多个中心流动联系的载体。而由于广州城市的悠久发展历史以及其商贸主导的功能结构，内部存有大片的批发市场斑块，如前文所提及的大德路阴影区（图2.13右）。这些片区是城市社区管治建设的难点和重点，一方面承载着城市历史文脉，另一方面其内部相对复杂且混乱的空间及功能组织也在一定程度上阻碍城市发展。

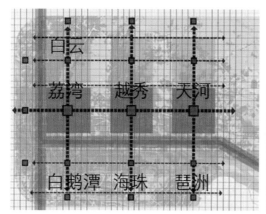 

图2.13 广州城市多中心网络化发展结构（左）与典型阴影区片区（右）
资料来源：《广州市总体城市设计》项目组

7）不同模式特征对比分析

在上述分析基础上，本书进一步总结了不同发展阶段下城市动态网络空间结构的基本特征及对应的城市阴影区空间特征，如表2.4所示。

表 2.4 城市网络化空间结构的不同模式特征归纳

模式分类	一类模式	二类模式	三类模式	四类模式	五类模式	六类模式
	单一节点培育模式	多节点集聚化模式	轴线扩张引导模式	非均衡的圈层外散模式	反磁力跳跃发展模式	均衡多中心网络化模式
城市结构要素特征						
节点结构特征	集中、非均质	分散、非均质	集中与分散结合、非均质	纳入核心片区，城市多中心萌芽	多个核心片区，城市多中心生长	网络化多中心体系形成
节点互动特征	无互动与关联	少互动与关联	出现流动要素	要素流动频繁但不集聚	要素流动频繁且相对集聚	要素流动高度密集
连线结构特征	连线少且联系强度弱	连线增多且联系强度加强	出现骨干连线与普通连线分级结构	连线密度增加但相对分散	连线密度增加且相对集聚	连线结构趋于稳定网络化
面域结构特征	面域范围大且连续性强	面域范围缩小但仍保持相对连续	划分为若干片区，之间相对独立	零散但相互间联系增强	联系相对紧密的若干功能区	高度联系的一体化功能区
功能体系特征	功能单一且以商业为主	功能相对简单且相似，商业为主	功能相对丰富，出现专业化功能	综合化与专业化功能并存但不完善	相对均衡完善的综合化与专业化功能并存	水平与垂直分工结合，创新型功能显现
空间规模特征	节点规模较小	节点规模慢慢拓展	节点规模沿线性集聚增大	节点规模快速拓展	节点规模相对分散且继续拓展	规模相对稳定统一
城市阴影区空间特征						
空间分布特征	单一点状布局	多点扩散布局，方向不均匀	线性"串珠"式布局	圈层"环形"外散布局	多点多方向"碎片化"布局	线面相结合的网络组团布局
内外联系特征	联系密度低，有加强趋势	联系强度逐步加强，但方向性不足	沿特定轴线方向联系强度较强	圈层递减式、非均衡的联系强度态势	多向联系，但强度非均衡，仍处于调整状态	联系强度加大，联系多向，强度相对均衡
功能构成特征	以居住配套为主，功能单一	多居住配套片区零散布局	从居住延伸到其他配套职能	功能逐渐多样丰富，形成多类型	功能多样化，包括居住及零售商业等	形成与城市节点功能承接对流效应
规模体系特征	单一规模相对较小	多点规模持续增长	沿线性轴状规模逐渐增大	环状规模扩张，但整体向外递减	多斑块规模增长模式，非均衡	相对均衡的多方向多斑块规模增长

参考文献

[1] 胡昕宇.城市中心区阴影区的空间定量研究[D].南京：东南大学,2012.

[2] 马奔.基于"人－地－业"三重维度的城市阴影区的特征模式及内在机制研究：以上海市为例[D].南京：东南大学,2016.

[3] 王呈.文化记忆视角下重庆十八梯遗产价值研究[D].重庆：四川美术学院,2018.

[4] 刘谨成.重庆十八梯风情档案[M].重庆：西南师范大学出版社，2021.

[5] 潘剑峰.上海老城厢里的口袋公园实践[J].中国园林，2019,35(S2)：46-50.

[6] 康凯.技术创新扩散理论与模型[M].天津：天津大学出版社，2004.

[7] KLOOSTERMAN R C, MUSTERD S. The polycentric urban region: towards a research agenda[J].Urban Studies, 2001，38(4):623-633.

[8] 吴一洲，赖世刚，吴次芳.多中心城市的概念内涵与空间特征解析[J].城市规划，2016,40(6)：23-31.

[9] 沙里宁.城市：它的发展 衰败与未来[M].顾启源,译.北京：中国建筑工业出版社，1986.

[10] 张亮，岳文泽，刘勇.多中心城市空间结构的多维识别研究：以杭州为例[J].经济地理，2017,37(6)：67-75.

[11] 周春山.城市空间结构与形态[M].北京：科学出版社，2007.

[12] 夏铸久.窥见魔鬼的容颜：全球化下都市研究的全球转向,北台都会区域与台北市的挑战[Z].2004年都市研究与上海经验暑期高级研讨班上的讲演论文.上海：华东师范大学.

[13] 陆玉麒.区域发展中的空间结构研究[M].南京：南京师范大学出版社，1998.

[14] MASSEY D. In what sense a regional problem?[J]. Regional Studies, 1979, 13(2): 233-243.

[15] 赵渺希.全球化进程中长三角区域城市功能的演进[J].经济地理，2012,32(3)：50-56.

[16] 熊彼特.经济发展理论：对于利润、资本、信贷、利息和经济周期的考察[M].何畏,易家详,等译.北京：商务印书馆，1990.

[17] LIU Z, LIU S H. Polycentric development and the role of urban polycentric planning in China's mega cities: an examination of Beijing's metropolitan area[J]. Sustainability, 2018, 10(5): 1588.

[18] 胡敏.轨道交通对城市空间布局的影响探析[J].现代城市研究，2007(11)：34-39.

[19] Hall P. Christaller for a global age:redrawing the urban hierarchy[EB/OL]. (2001-10-20) [2024-03-08]. https://www.lboro.ac.uk/microsites/geography/gawc/rb/rb59.html.

[20] 甄峰，刘晓霞，刘慧．信息技术影响下的区域城市网络：城市研究的新方向 [J]．人文地理，2007(2)：76−80,71.

[21] 甄峰，魏宗财，杨山，等．信息技术对城市居民出行特征的影响：以南京为例 [J]．地理研究，2009, 28(5)：1307−1317.

[22] 沈丽珍，甄峰，席广亮．解析信息社会流动空间的概念、属性与特征 [J]．人文地理，2012, 27(4)：14−18.

[23] 杨彧．我国大城市空间组织重构研究 [D]．吉林：东北师范大学，2018.

[24] 李祎，吴缚龙，尼克·费尔普斯．中国特色的"边缘城市" 发展：解析上海与北京城市区域向多中心结构的转型 [J]．国际城市规划，2008(4)：2−6.

[25] 周婕，邓飞．行政区划调整对大城市边缘地带发展的影响 [J]．武汉大学学报（工学版），2004(2)：146−148.

[26] 杨俊宴，章飙，史宜．城市中心体系发展的理论框架探索 [J]．城市规划学刊，2012(1)：33−39.

[27] KLOOSTERMAN R C,MUSTERD S. The polycentric urban region: towards a research agenda[J]. Urban Studies,2001,38(4):623−633.

[28] MEIJERS E J. Polycentric urban regions and the quest for synergy: is a network of cities more than the sum of the parts?[J]. Urban Studies, 2005, 42:765−781.

[29] 白列湖．协同论与管理协同理论 [J]．甘肃社会科学，2007(5)：228−230.

[30] BURT R S. Structural holes: the social structure of competition [M]. Cambridge, Massachusetts: Harvard University Press, 2009.

[31] 张明斗，王雅莉．城市网络化发展的空间格局演变与结构体系研究 [J]．城市发展研究，2018, 25(2)：55−60.

[32] 张金霞．兰州城中村空间改造模式及策略研究 [D]．兰州：兰州交通大学，2018.

[33] 华澍而．无锡城市空间形式演变探究 [J]．城市地理，2018(10):5−6.

[34] 熊伟婷，杨俊宴．1949 年后无锡城市空间形态演化特征的定量研究 [J]．现代城市研究，2016(2)：56−61.

城市阴影区的空间边界识别与基本类型

·3·

基于城市空间结构从静态等级到动态网络视角的转变，城市阴影区作为其中的组成部分，会受这一研究维度的影响而呈现出相应的时空响应，而选取一个内部阴影区现象相对显著的城市作为研究对象则是后文实证研究的首要基础。南京在其多中心网络化演变趋势过程中，内部空间发展不平衡导致多个阴影区片区的产生，故而将其选作研究对象。进而界定南京城市阴影区的空间范围是后续研究的核心基础，这一步骤的本质在于对其概念的深刻理解。基于此，本章节在传统相对静态的界定方法基础上，加入人群密度这一能反映各空间单元动态容纳程度的基础指标，从静态物质空间与动态人群流动双重视角展开南京城市阴影区精细化空间边界的识别与划定。继而，对这一界定结果的各阴影区片区的详细情况进行实地踏勘与调研，以深刻理解其空间本质特征，并将其纳入城市动态网络结构体系，对其作为其中网络节点的基本空间属性特征进行详尽解析。

3.1 城市阴影区空间边界识别的样本选择

3.1.1 南京城市空间结构的多中心网络化演变

过去一百多年来，在相关规划和政策的影响下，南京城市空间结构经历了近十次较大的变化（表 3.1）。鸦片战争至辛亥革命时期，南京的城市空间结构较为动荡，缺乏稳定的核心，其宫城位置、发展轴线等均有较大变动，城市规模、扩展方向及大小等也不稳定。随后，在洋务运动与金陵的开关通商共同作用下，南京城市由封闭的地域中心向开放式商贸中心转变。辛亥革命结束以后，1929 年编制完成的《首都计划》第一次对南京城市的未来发展方向、空间组织模式等进行了规划，奠定了现代南京城市空间结构的基础。在社会主义计划经济时期（1949—1978 年），受国家的社会制度和经济制度影响，南京城市

表 3.1 南京城市历次总体规划演变一览表

历史时期	相关规划文件	空间结构规划举措	对应城市结构特点	动态网络结构阶段
1899年到1929年	《首都计划》	空间分区：将规划片区分为包括中央政治区在内的六个区域；将新街口与明故宫作为重点打造的商业区	沿水网多点布置商业中心	线性多点无序连接阶段
1929年到1981年	《南京大都市计划大纲》	新街口成为城市放射状路网的中心，同时太平路、三山街的空间节点地位突出	公路交通导向的城市商业中心空间布局模式	圈层式散点有序分布阶段
1980年代	《南京市城市总体规划（1981—2000年）》	以圈层式城镇群体的布局构架进行规划建设，具体形成"市—郊—城—乡—镇"的布局组合形式	以市区为主体，把市域分为各具功能又相互有机联系的五个圈层	
1990年代	《南京市城市总体规划（1991—2010年）》	以长江为主轴，以主城为核心，形成结构多元、间隔分布、多中心、开敞式的空间格局	外延式的发展方式向内涵式的增长方式转变	
21世纪	《南京市城市总体规划（2000—2010年）》	构建多中心开敞式空间格局，城镇发展空间和非城镇发展空间并存	从都市圈到都市发展区，构建新兴产业集聚带	多中心网络开敞式空间布局阶段
	《南京市城市总体规划（2007—2020年）》	以长江为主轴，以主城为核心，结构多元，间隔分布，多中心、开敞式的现代化大都市空间格局	加快推进多中心体系建设	
	《南京市城市总体规划（2011—2020年）》	构建以主城为核心，以放射形交通走廊为发展轴，以生态空间为绿楔，"多心开敞、轴向组团、拥江发展"的空间格局		
	《南京市城市总体规划（2018-2035年）》	坚持以"多心开敞、轴向组团、拥江发展"为特色的空间格局	明确"南北田园、中部都市、拥江发展、城乡融合"的市域空间格局	

资料来源：作者根据相关资料整理

的空间扩展方向以向东和向北为主，先向东、后向北，向东为新辟文教区，向北为新辟工业区。在此基础上，"一城三区"的空间规划策略使得南京突破明城墙的发展界线，迅速拉开了城市发展框架，并引领其走向以"多心开敞、轴向组团、拥江发展"为特色的空间格局。这也与南京城市的"山水城林"基底形成了良好的耦合效应，是一种相对紧凑的空间发展方式，更是一种高效的空间整合模式。纵观南京空间结构演变历程，其整体而言经历了无序分散、等级分散、等级有序以及等级网络四个发展阶段。具体到城市中心体系层面，其发展路线为线性单点自组织到多点连接再到网络散点均质最后演化成网络多级跳跃四个阶段，这也是中国很多城市空间结构演变的常见规律，即城市空间增长的整体特征是以轴向和跳跃为主。

当然，南京城市空间结构的演变除了受政府规划与相关政策的强力影响外，也受交通方式变革、消费模式转变等经济社会发展宏观背景变化的影响，最终呈现出从单中心到多中心、从等级化向网络化的演变。交通方式变革和消费模式转变推动了各要素的流动联系，也为城市的发展提供了充足的市场运营基础与对外交流资源，是城市动态运转的重要动力。

3.1.2 数字动态视角下南京城市阴影区的发展

结合上文对城市动态网络不同发展阶段的分析，本书认为南京目前的城市空间结构介于反磁力跳跃发展模式与均衡多中心网络化模式之间，尚未完全形成多中心网络化的城市空间结构。在此背景下，南京城市阴影区的空间发展必然也将面临诸多新变化。事实上，处于城市空间结构转型期的南京目前仍存在土地集约度不高、发展不平衡、协同不充分、人地关系失调等现实问题，带来城市节点的不稳定、不协调发展，进而加速城市阴影区空间的形成，加剧其带来的负面效应。在新老城的空间协调方面，南京市存在老城密度过高、新城发育不充分的问题，具体而言，2010 年以来南京老城人口虽增速放缓，但其增长趋势仍在继续，老城人均绿地指标仅为 2 m²/ 人，远低于国家相关标准；相较之下，外围新城却存在"地增快、人增慢"的人地关系不协调的问题。对南京城市空间形态的初步分析发现，老城区的开发容积率及建筑密度均明显高度集聚，并呈现向外逐级递减的圈层结构态势。这一新老城空间不协调现状是城市在其集聚扩散过程中节奏不一致带来的弊端。同时，由于外围新城功能发育的不充分，城市内部的交通结构也存在不平衡问题，导致老城内部的城市节点人群、功能、交通等难以远距离输送，反而向邻近节点片区的疏散成为一定时期内的缓解策略，加之这些片区本身的相对发展劣势，其演变成为城市阴影区的概率进一步加大。在城市发展进程中，城市阴影区的负面空间效应由于历史因素、经济成本因素等的综合影响而难以被消解，其内部结构的低强度开发、公共服务设施配套滞后、人居环境相对恶化等特点对城市节点的快速发展、城市风貌的提升、城市网络化结构的演变等均会产生一定的负面效应。

城市阴影区在空间分布上具有零散、多类型的特点，位于不同区位的阴影区在内部空间组织、人群时空分布等方面也不尽相同。但随着南京城市动态网络结构的建构与发展，城市内部功能联系加强，为城市阴影区的动态活化带来一定的可能性。同时，由于与城市节点的邻近对流关系，城市阴影区也存在部分相对优势，尤其在南京城市多中心网络化的空间结构基础上，对其城市阴影区的发展现状进行梳理，并就阴影区的多维度特征进行解析研究，对于把握未来城市空间结构的提升路径、指导城市节点的规划建设、推动阴影区效应的消解等均具有重要的参考价值。

3.2 城市阴影区空间边界识别的技术框架

3.2.1 城市阴影区空间边界识别的基本原则

在总结已有相关研究的基础上，本节首先提出了城市阴影区空间边界识别的三个基本原则，具体如下：

第一，识别的指标和方法要能体现城市阴影区的最显著特征，以保证能与其他类似空间片区区分。城市阴影区不是一个"绝对"的概念，而是一个"相对"的概念，故而应该将"相对"理念始终贯穿于其空间边界识别的过程中。具体而言，这一"相对性"同时涵盖其外部特性及内部特征两方面。对外而言，城市阴影区的发展弱势是相较于其周边节点或者片区而言的，若将其放置于城市整体尺度下，则可能并非发展最落后片区，但从联系的视角来看，其与外围片区的关联度相对较弱；对内而言，城市阴影区内部也存在一定的空间发展不平衡，有绝对阴影区与相对阴影区之分，在时间的作用下，两种类型阴影区在发展过程中可能相互转化甚至得以消解。综上，识别城市阴影区空间边界的关键在于充分考虑到其"相对性"本质及多维度视角这两个方面。

第二，在保证可操作性和科学性的基础上，识别的具体方法与流程应该简明扼要，并具备较强的可推广性，以便能应用到后续其他城市的研究中。在定量识别的基础上，考虑到城市阴影区的复杂性及综合性，需要进一步将定量识别与定性识别相结合，对定量识别出的城市阴影区进行实地踏勘和居民访谈，对部分城市阴影区的边界进行校核调整，确保识别出的城市阴影区的空间边界科学合理。

第三，识别结果应为既相对独立又自身较为连续的城市空间。鉴于城市阴影区与节点的依存关系，在多中心城市空间结构的发展趋势背景下，其界定结果也趋于多片区多类型发展特征，此外就各阴影区自身空间而言，过于碎片化的空间形态难以形成空间效应，也不利于后续研究，故其本身空间应达到一定的规模门槛。

3.2.2 城市阴影区空间边界识别的基本单元

由于本书旨在精细化地识别城市阴影区的空间边界，故选择基本分析单元是识别流程的首要环节也是关键环节。通过对比街区、栅格与地块三种常见的基本空间分析单元，本书研究选取街区作为城市阴影区空间边界识别的基本分析单元，理由如下：由于栅格只是对于城市空间的一种随机划分方式，并不具有规划意义，与本书研究目的存在一定差异，故不予以考虑。同时，街区相较于地块单元而言，具有以下三点研究优势：① 相对独立性，街区是由城市道路围合而成，其空间边界较为明晰，可以看作城市中的一个独立空间单元，而部分用地地块由于开发权属问题而存在人为影响因素；② 完整特性，各街区单元之间由于城市道路的切割，在形态上相对完整，同时在一定程度上，街区也是人们对城市空间认知的基础单元；③ 均衡作用，相对街区而言，用地地块单元可能由于局部片区开发强度过高或者过低而出现极值或极度不均衡现象，可能给识别结果带来一定的干扰。综上，本书认为街区是城市阴影区空间边界识别的理想分析单元。为此，后续研究所涉及的多种类型数据均需经过运算转换汇总至街区空间范畴内进行比较或者耦合分析。

3.2.3 城市阴影区空间边界识别的影响因素

本书认为从空间特征与人群活动两个维度对城市阴影区的空间边界进行综合识别，可以全面反映城市阴影区的外在表征与内在机制。从本质而言，城市阴影区与其邻近节点相较之下呈现出相对弱势特征。一方面，城市阴影区的外在表征是其空间区位的相对核心性以及空间开发的相对破败性：由于阴影区邻近城市节点，而城市节点又多位于城市交通条件便捷、公共服务设施相对完善的中心位置，进而支撑起城市阴影区外部空间区位相对核心的特点；同时，由于历史产权、综合经济效益等因素，城市阴影区内部建设条件相对较差，从而呈现出开发强度低、公共服务配套不足等特点。另一方面，城市阴影区的内在机制与城市空间中的人群活动及其所映射出的业态布局有关：城市阴影区在物质空间、环境品质、功能特性的相对弱势导致其对人群的容纳能力较弱，进而导致其内部的空间活力呈现持续性不足状态；同时城市阴影区与其邻近的节点多存在服务与承接的相互关系，但鉴于其建设的相对劣势状态，其中的业态职能多为相对中低端的生活性与生产性服务职能。

基于上述分析，本书认为城市阴影区空间边界的识别需要考虑四个方面的因素：空间区位、建设强度、公共服务设施和人群活力（表3.2）。其中前三个因素具有一定的静态性，而人群活力具有一定的动态性。一般而言，城市阴影区是城市内部空间区位较好、建设容量较低、公共服务设施较少、人群活力较为不足的地区。

表 3.2 城市阴影区空间边界识别的基础指标

基础指标	基本定义	阴影区的具体分项表现	涉及数据资料
空间区位	表征的是城市内各空间单元在城市整体结构中的相对位置，具体包含其与城市中心体系的相对空间关系及交通可达性	相对邻近各等级中心区，且交通通达性相对高，整体空间区位条件相对好	城市各级中心空间布局；城市各等级道路数据
建设强度	表征的是各空间单元的开发建设情况，是三维层面的建筑形态布局指标	片区容积率相对低，形成建设洼地	城市三维建筑数据库
公共服务设施	表征的是包括医院、学校、图书馆在内的承载教育、科技、文化、卫生、体育等公共事业的相关设施	公共服务设施相对少，且空间布局相对零散	城市用地空间分布数据
人群活力	表征的不仅是空间单元的单位面积在一段时间内所能实际承载的人群数量，也包含这一数量在一个连续时间内的动态变化	单位面积所实际容纳的人群数量相对低，且这一低值态势在一天中相对持续	手机信令大数据库

3.2.4 城市阴影区空间边界识别的方法流程

针对不同维度的界定内涵，本书基于动态网络视角提出相对性整体界定法，即在整体研究范围内，对街区这一基本空间分析单元的各项指标进行空间自相关分析，识别出围绕城市核心节点的若干街区作为构成城市阴影区的备选街区。在此基础上，从备选街区中遴选出同时满足空间区位较好、建设强度较低、公共服务设施较少、人群活力较为不足的街区作为城市阴影区的最终组成部分。这一界定方法将城市分解为若干板块，各板块又可进一步拆解为城市节点—外围阴影区—基质区—边缘区的空间圈层结构模型，其中各板块之间、各节点之间均存在动态网络的流动联系（图 3.1）。同时，整体界定法也是在前人相对静态的识别研究中加入动态元素，符合城市动态变化的基本特征，同时也是考虑城市结构的整体性而从中提取出符合阴影区特性的空间片区。

本书初步定量识别城市阴影区空间边界的主要方法包括克里金（Kriging）插值法以及空间自相关

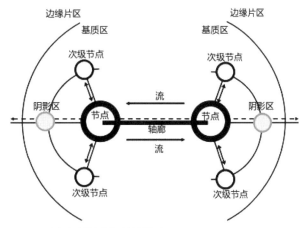

图 3.1 城市各板块空间结构模型

分析法。针对不同界定基础指标的特点，采用适合的方法进行具体运算并将各自结果进行空间叠加而识别出城市阴影区的初步空间边界。两种方法的具体解释如下：

克里金插值法： 这一插值工具是众多空间插值分析算法的一种，常用于描述和预测空间内点数据的分布规律及趋势，具体是通过一组具有 z 值的分散点生成估计表面的高级的统计过程，其中的 z 值表示的是对象点的重要属性。这一方法属于空间自协方差最佳插值法，其基本假设前提是采样点之间的距离或方向可反映能说明表面变化的空间自相关。

空间自相关分析法： 这一分析方法近年来也被广泛应用于城市空间结构的研究当中。空间自相关分为全局自相关和局部空间自相关两类，本书主要运用局部自相关的分析方法（Local Moran's Index）。局部自相关指的是综合要素空间位置及要素值来度量某一片区的空间单元间是聚类、离散还是随机关系。具体而言，首先通过这一指数判断相关属性与空间的自相关性是否通过统计学上的显著性检验，若显著相关，则进一步通过 Z 值来判断其相关程度。通过计算，结果将划分为四类：被低值单元围绕的低值空间片区（LL）、被高值单元围绕的高值空间片区（HH）、被低值单元围绕的高值空间片区（LH）、被高值单元围绕的低值空间片区（HL）。在以往城市空间研究中，这一方法多用于识别城市各类型节点，具体表现为高值集聚区（HH）。本书研究借鉴这一方法，同时结合城市阴影区的相对性概念特点，其中的低值分散区则表征着这一空间单元在空间位置上与周边单元呈现出离散关系，而其要素值则相对周边片区较低，对应着 LH 分类空间片区。

具体而言，城市阴影区定量计算及定性校核界定流程是关键。基于上述两种基本定量计算方法，通过体现城市阴影区本质特性的四类因素对南京城市进行实证计算，并对其进行验核与叠加，从而得到初步界定边界，这一范围在纯计算机运算基础上得出。同时鉴于数据的相对局限性与城市阴影区本身的复杂性，结合上述界定原则，对这一初步结果采用城市观察、现状踏勘、相关访谈等定性方法进行校核，并进行反复校核调整，最终得其精准的空间界定范畴。详细流程步骤如图 3.2 所示。

步骤一：研究基本单元与基础数据库的整合

本书研究选取街区作为城市阴影区空间边界界定的基本单元，故而需要将各项数据库与之进行空间落位及整合，从而得到各个街区单元内部的各项指标（表 3.3）。

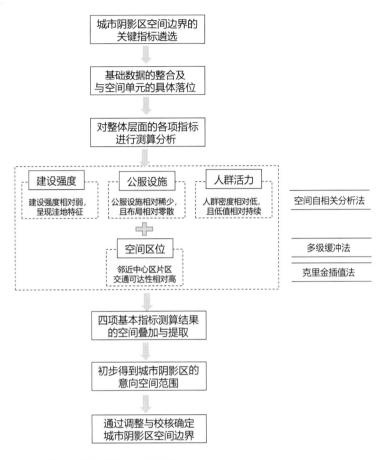

图 3.2 城市阴影区界定方法流程图

表 3.3 各街区空间单元的基本指标

街区编号	空间区位		建设强度	公服设施	人群活力
	中心区空间关系	交通可达性	平均容积率	平均设施密度	平均人群密度
1					
2					
3					
4					
……					

其中，除空间区位之外的其他三项指标计算方式相对简单，具体计算方法如以下公式所示：

$$平均容积率 = 单元街区内建筑面积总和 / 单元街区面积$$

$$平均设施密度 = \frac{单元街区内各类设施用地内建筑面积总和}{单元街区内的总建筑面积} \times 100\%$$

$$平均人群密度 = 单元街区内一天中人群数量均值 / 单元街区面积$$

因为空间区位这一要素是一项综合指标，故需分别对其中的两项分指标进行计算之后进行叠加：中心区空间关系需要将既有中心区空间边界按照其实际估算辐射范围进行分层级缓冲并将数值结果进行空间落位；而交通可达性是用克里金插值分析方法对城市中心城区现状道路中心线进行路网密度插值并分级赋值后同样将结果与街区进行空间关联。在此基础上，对两个结果进行加权平均得到各街区空间单元的空间区位要素值域，这一指标计算的关键在于城市中心区的相关界定。就前者而言，根据杨俊宴采用墨菲指数界定南京城市中心体系的结论，目前南京市公共中心体系为"一主三副"的结构，其中市级综合主中心为新街口中心区，区级次中心则分别为湖南路中心区、河西中心区、夫子庙中心区。在此基础上，随着城市各片区的功能不断完善，参考《南京市城市总体规划（2011—2020年）》《南京市城市设计导则（2013年）》《南京市城市空间特色规划（2011年）》等相关文件内容，确定2015年南京市的城市中心点体系由新街口传统综合中心作为城市一级中心区片区，河西商务中心、南站商务中心、夫子庙文化中心、江宁副城中心、江北商务中心、仙林创新中心为城市次级中心区片区，江浦中心、高新区中心、燕子矶中心、鱼嘴中心、麒麟中心以及东山中心为地区级中心区片区（图3.3）。后一指标的测算在于南京城市中心城区内各等级道路的划定，将其细分为城市快速路、主干道、次干道以及支路。

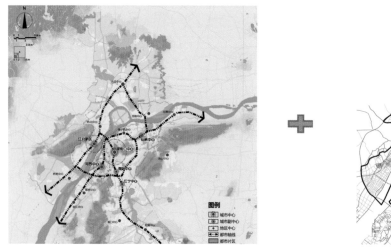

图 3.3 南京城市中心体系空间关系（左）与道路可达性（右）示意图

步骤二：城市整体层面的四要素相关计算

基于 ArcGIS 系统，建构出南京城市中心城区范围内的街区建设强度、公共服务设施密度、人群密度以及空间区位相关指标数据库，运用局部空间自相关方法对前三类指标的空间集聚或扩散程度进行解析，得到其正负相关性及相关性大小两个方面的初步结果。同时归纳出城市中心城区在整体层面上的"开发建设相对性""公共服务设施相对性"以及"人群密度集聚分散相对性"三方面的空间布局，并在既有结果影响下划定城市阴影区的初步空间范畴。同时，运用克里金插值方法对空间区位的两项指标进行运算，并将两个结果进行空间叠加，从而得到其综合值域。

建设强度自相关性结果表明，南京城市中心城区开发建设也基本呈现内聚外散的分布模式，高值容积率街区多集中于老城片区与江宁东山片区。这也与阴影区相对应的低—高集聚片区相呼应，也即老城内片区较多，且呈现出相对连续集聚的分布态势，而外围则多为斑块式点状布局，具体见图 3.4 中"建设强度自相关分析"图示中红色斑块。

公共服务设施与人群密度自相关性结果相似，南京主城内配套相对丰富且密集，对人群的吸引力也相对大，同时江北片区仍处于开发建设完善时期，故该片区在设施配套与人群活力等方面均处于相对弱势。但其中如玄武湖公园等开敞空间对于人群的吸引力较大，而内部设施相对少。具体统计结果如图 3.4 中"公共服务设施自相关分析""人群活力自相关分析"图示中红色斑块。

步骤三：四要素空间自相关结果的叠加与城市阴影区边界的初步划定

将上述四要素分析结果进行空间对位与叠加，可以得到城市总体层面的综合指标分布态势，并提取出其中综合结果相对低值片区作为初步边界界定的结果。在初步结果的划定过程中，需要保持各阴影区片区的空间相对连续，故需对各片区进行空间范围的调整试验，如果试验得出的范围内的各项指标相对偏高，则适当扩大这一片区范围，反之亦然。在调整过程中，以四项要素指标均相对偏低街区为中心点，进行其外围片区的扩大或缩小。

步骤四：通过调整与校核来确定城市阴影区的空间边界

基于以上对城市阴影区的初步划定结果，对各个片区进行实地踏勘及专家访谈，依据以下两方面进行定性的校核调整：①将作为城市水绿本底的山体和水体等自然要素、农田和防护绿地以及交通环岛等空间斑块进行剔除，这些片区虽然同时满足开发强度与公共服务设施密度相对低值，且空间区位也邻近某些城市中心区，但不是城市发展落后地区，而是发展的相对优势片区；②将其中的博物馆、图书馆、学校等公共类建筑群片区进行剔除，这类功能片区需同时兼顾城市形象与特定功能，故多为建设强度相对低片区，且由于其通常所占街区相对大，呈现出的人群密度也相对偏低，但这一片区为城市活力带动点，故不

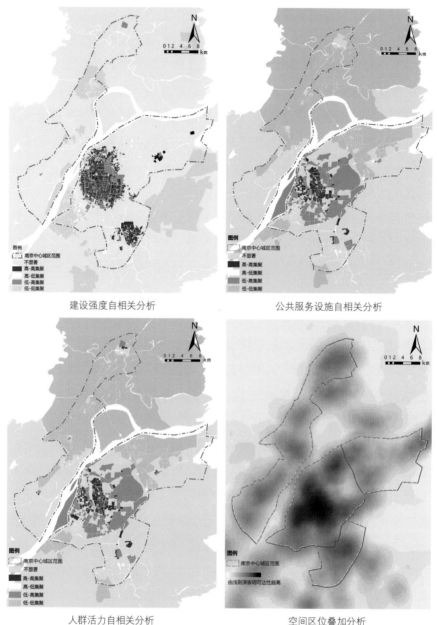

建设强度自相关分析

公共服务设施自相关分析

人群活力自相关分析

空间区位叠加分析

图 3.4 城市阴影区界定的分项指标结果

能被划定为城市阴影。修正前后的南京城市阴影区空间范围如图 3.5 所示。

步骤五：对于边界界定结果的检验与验证

由于前人学者对于南京城市中观尺度下的阴影区空间边界研究相对少，故本书对于界定结果的检验需结合卫星影像地图进行验证，或者通过相关多渠道资料进行佐证。以湖南路阴影区为例，本书采用整体界定法将其空间边界限定在中山北路—湖南路—中央

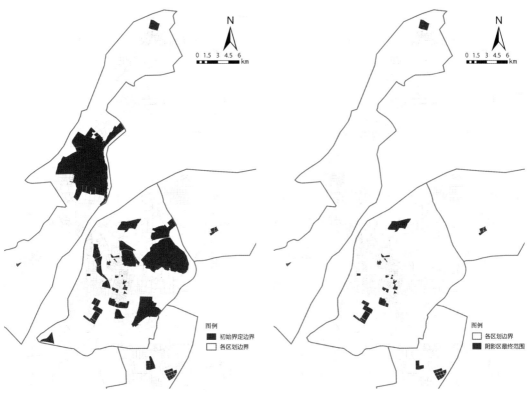

图 3.5 城市阴影区四项要素分析结果叠加初步（左）及调整校核后边界（右）

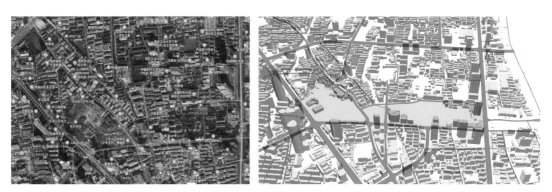

图 3.6 湖南路阴影区的实景建设及界定边界三维模型对比
资料来源：左图源自谷歌地图，右图为作者绘制。

路—童家巷—马台街所围合出的三个街区单元，而根据相关资料，这一片区正处于更新改造过程中，原有的军人俱乐部、长三角书城等城市活力点均被拆迁，从而导致其建设形态、活力品质等均相对周边片区弱，为典型的阴影区片区，这也与本书的界定结果吻合（图 3.6）。

3.3 南京样本城市阴影区的边界识别实证研究

通过上述定量与定性双重界定流程，得到南京城市阴影区的最终划定结果（如图 3.7 所示），共有 19 个相对独立片区，其中 11 个位于老城。这些阴影区片区总街区个数为 101 个，总占地面积约为 13.82 km²，总建筑面积约为 7.51 km²，总建筑占地面积约为 2.88 km²，计算得出其平均容积率为 0.54，平均建筑密度为 21%。南京城市阴影区的基本情况详见附录 B。

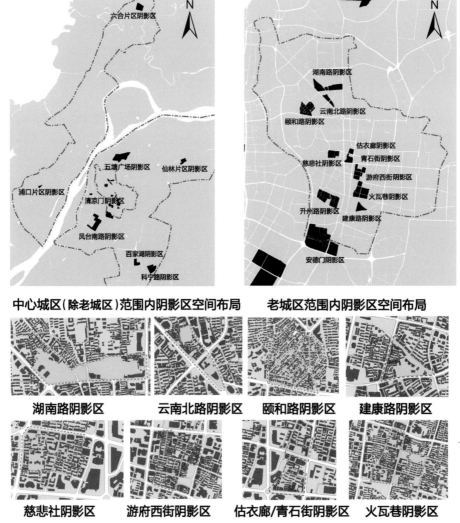

图 3.7 南京城市阴影区界定结果及老城内各阴影区内部建筑构成图

整体而言，南京城市阴影区呈现"内聚外散、多层次嵌套"的空间分布态势。其中，"内聚"指在老城内部相对密集分布着多个城市阴影区片区，具体聚集于新街口、湖南路及夫子庙片区，与城市节点的空间布局耦合，如湖南路节点附近的湖南路阴影区、云南北路阴影区，新街口节点附近的估衣廊阴影区、青石街阴影区、游府西街阴影区、火瓦巷阴影区以及慈悲社阴影区，夫子庙节点附近的升州路阴影区及建康路阴影区，这一空间范畴内的阴影区数量相对多，聚集性较强；此外，"内聚"还体现在老城内阴影区主要沿中山北路—中山路—中山东路轴线以及中华路—中华门轴线集聚，与城市历史文脉在空间上高度耦合，这也能映射出城市阴影区现象形成的历史因素。事实上，鼓楼区与秦淮区所承载的阴影区数量最多，究其原因，这两个行政区发展历史较为长远，属于南京中心城区开发较早的片区，故在其开发建设过程中出现集聚分散不平衡现象的概率也大大增加。"外散"指中心城区范围内除去老城部分片区内阴影区数量相对较少，呈现跳跃式的组团散点布局，如河西片区的清凉门阴影区、凤台南路阴影区，东山副城片区内的百家湖阴影区、科宁路阴影区，江北片区的六合片区阴影区及浦口片区阴影区，仙林副城片区的仙林片区阴影区，均零散布局于各板块的节点邻近位置。"多层次嵌套"作为南京古都的特色格局，具体指的是南京在其城市演变过程中逐步形成的环套并置的空间格局，这也对城市阴影区体系的分布起到了较为明显的分割引导作用，其集聚分散程度也呈现出随着各空间层次向外逐级递减趋势。

3.4 形态、功能与交通维度下城市阴影区类型

在对南京城市阴影区空间边界进行识别的基础上，本节从与邻近城市核心区片区的关系、空间建设形态、业态功能布局和内外交通联动四个方面对南京城市阴影区的基本空间特征进行具体分析。

基于前人学者以及相关规划对于南京城市各核心片区的判定，结合 2015 年精细化空间形态数据库，本书采用与城市阴影区空间边界识别一致的局部空间自相关性对其进行空间边界的识别。此处核心片区与阴影区定义相对，具体表现为三维空间形态上相对集聚与隆起、公共服务设施相对密集、人群相对集中的联系空间片区，对应各项指标局部空间自相关分析结果的高值集聚区（HH）。最终，本书共识别出 12 个城市核心区，并初步分析了各核心区与其邻近阴影区的空间对应关系（图 3.8）

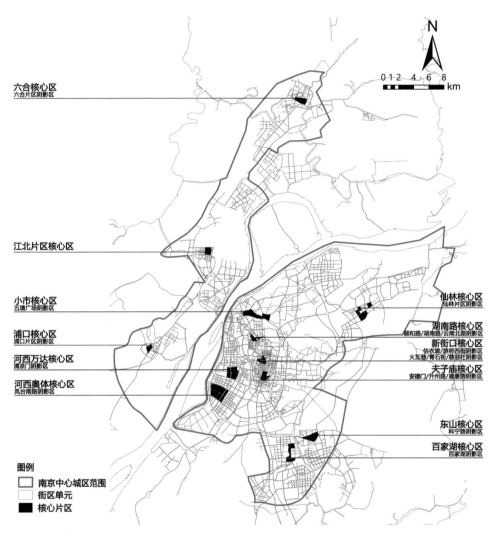

图 3.8 南京城市各核心片区的空间布局及其与各阴影区之间关系

　　基于空间范畴，将各个核心片区与城市阴影的界定结果进行空间叠加，得到两者之间的分布关系，整体呈现紧密嵌套式伴生分布布局，具体可细分为卫星式依附关系、间歇式嵌套关系、邻接式伴生关系（表 3.4）。

　　卫星式依附关系强调的是城市阴影区与相邻节点的统一性与整体性，两者在开发建设条件、风貌环境等方面类似，但由于地铁站点、标志建筑等城市增长极的带动作用，拉开了其在城市地位、建设开发等方面的差距，同时部分片区由于历史遗存等问题难以得到充分的更新开发而逐步演变为城市阴影区，且维持与城市核心片区的依附生长关系。

　　间歇式嵌套关系多发生于城市综合核心片区内部或者周边，这一片区由于其综合性服务功能覆盖的范围相对较大，同时其发展演变也受长期的规划政策与自组织调节双重作用；

表 3.4 城市阴影区与邻近节点的空间关系

关系类型	特征描述	典型片区	图示
卫星式依附关系	在城市核心片区的集聚作用下，阴影区如卫星城般围绕在其周边，具体呈现散点形态	夫子庙核心片区与升州路阴影区之间的关系	
间隙式嵌套关系	城市阴影区穿插于两个城市核心片区之间或者某个核心片区内部，形成相互嵌套的空间关系	新街口核心片区与估衣廊、慈悲社、青石街、火瓦巷等阴影区之间的空间关系	
邻接式伴生关系	城市阴影区与某一城市核心片区在空间上部分边界接壤，两者空间邻近且部分依附	湖南路核心片区与湖南路阴影区之间的关系	

而在其空间集聚扩散过程中，空间发展不平衡在部分片区被放大从而形成城市阴影区，如兼顾较好空间区位与公共服务设施条件的老破小区，多由于更新改造成本较高而持续作为发展相对劣势片区嵌套于城市节点内部。

邻接式伴生关系指的是城市阴影区在空间距离上邻接、在空间关系上濒靠于邻近城市节点，这一关系往往缘于开发时序、用地性质差异等因素，两者之间不存在明显的依附关系，相互间多保持相对独立。

3.4.1 基于空间形态特征的城市阴影区类型

本节在对南京城市阴影区空间形态类型进行整体分析的基础上，分别对南京城市阴影区的建设强度和建筑密度这两项空间形态核心指标的数值变化特征与空间分布特征进行分析。

1）空间形态类型特征

从整体层面而言，南京城市阴影区呈现的是零散布局特征，但具体到各板块片区，其空间形态类型则较为丰富多样，存在零散斑块、组团团状、延展线性、包围环状四种空间类型（表3.5）。空间区位上，各阴影区之间存在一定空间距离，与城市节点及其他片区穿插交互于城市整体空间内，彼此间相互独立。形成这一形态的原因有很多种，究其根本，各阴影区形成演变中的经济成本、政治环境、文化氛围、社会导向等地缘环境不尽相同，由此带来发展路径、演化方向等也不一致。

在实地踏勘的基础上，本书研究认为从具体构成而言，南京城市阴影区主要存在以下四种开发建设类型模式（图3.9）。

占据稀缺公共服务设施资源的老破住宅建筑群： 如新街口节点内的城市阴影区。这一类型多存在于城市核心节点片区，往往伴随着老城形成及发展而演变，具有较长久的历史，故相较而言，该类型片区拥有绝佳的空间区位优势以及累积下来的包括教育、商业、医疗等生活必需的公共服务设施优势，同时也存在建筑老旧、内部通达性低、业态相对低端的劣势；这一片区虽生活环境相对差，但便利性高，加之固有产权及原居民的"乡愁"情怀等因素，故其居住人群多为城市中低收入人群。优劣势权衡下，带来这一片区开发综合成本高而再更新改造的难度大，故而多维持现状，承接邻近节点的溢出功能并为其服务成为其目前可能的发展路径。

传统城南民居建筑群： 主要存在于邻近夫子庙节点的升州路阴影区片区，其内部建筑风貌多为传统街巷串联着一到三层的老民居，是南京历史最为悠久、文化积淀最为深厚的地区之一；江南穿堂式院落"青砖小瓦马头墙，回廊挂落花格窗"是这一片区传统民居的典型特征，也从侧面反映了南京独特的历史特点。经过了长期历史的洗礼，这一片区多存在街巷空间狭小而难以满足消防安全、建筑设施老旧而难以满足居住舒适度、配套设施发展相对落后而难以满足现代化生活需求等问题。鉴于其建筑的代表性、文化的传承作用，其更新改造日益成为学界研究与探索的热点与重点。现代与传统的碰撞在这一阴影区片区体现得淋漓尽致，在这一碰撞过程中，这一片区逐渐走向相对衰败态势，究其根本还是在于如何在充分延续历史文脉的前提下实现整体的空间"还原"与复兴。

老旧工业厂房： 这一空间类型以科宁路阴影区为典型代表，它作为江宁经济技术开发区的一部分，具有较长时期的建设历史；该片区对外拥有较好的交通区位，航空运输及陆路运输优势相对明显，以劳动密集型生产为主，但在城市化进程中，该片区的生产制造功能逐渐减弱，相应的公共服务配套设施也逐渐破败，加之外来流动务工人员的复杂性，使这一片区的治安状况难以保障，这些相对不利的发展条件正是其演变为阴影区的动因。

表 3.5 城市阴影区空间形态类型一览表

空间类型	结构类型特征	示意图	空间区位	典型片区
零散斑块	面积较小，形态分散，以点状形态布局于城市节点间隙或者内部		主要分布于新街口、夫子庙与外围浦口核心片区周围	建康路阴影区、估衣廊阴影区、青石街阴影区、浦口片区阴影区
组团团状	面积最大，内部结构相对完整，相对独立布局于城市节点周围		主要分布于新街口、夫子庙与湖南路核心片区周围	颐和路阴影区、升州路阴影区、游府西街阴影区、火瓦巷阴影区
延展线性	形态多为狭长线形，多沿主要道路延展，基本连续且纵深相对小		主要分布于湖南路核心片区周围	云南北路阴影区
包围环状	围绕着几条主要道路实现形态延展，并与城市节点形成相对环抱的相对关系		主要分布于河西核心片区周围	凤台南路阴影区

（a）青石街阴影区　　　（b）升州路阴影区　　　（c）科宁路阴影区　　　（d）凤台南路阴影区

图 3.9 各典型城市阴影区片区实景图

正在进行拆迁建设及处于待开发状态的城市片区：在城市化进程中，城市用地的更新交替进程逐渐加快，其中有两类片区开发潜力较大：一类是处于城市较为核心的片区，其空间区位及周边的基础配套设施具有一定优势，但本身在相关规划与自下而上的空间组织作用下亟须更新改造，并正处于拆迁建设过程中，在特定的研究时期中呈现出的衰败态势导致其阴影区效应凸显；另一类是城市潜力片区，如具有较大的未来城市开发建设潜力的河西南片区，其现有配套等条件仍处于初级阶段，相较于周边已发展成熟片区而言，衰败特征明显。

2）建设强度特征

城市阴影区一般被认为是建设开发的洼地，土地开发利用程度较弱，本节以常用的容积率这一指标来反映建设强度。容积率作为一项能反映三维层面空间形态的综合指标，受街区尺度与形状、街区内建筑高度、层数及密度等多项因素的影响，其高低值域会直观地映射人身处于街区内的空间感受。本节借助 ArcGIS 技术平台，运用其中的统计计算功能模块，对各阴影区板块及其周边片区的容积率数值与空间分布等展开比较研究。

建设强度数值特征：容积率以相对低值为主，老城内阴影区向外围建设强度变化相对缓慢。南京城市阴影区平均容积率为 0.54，最高值为 4.19，采用自然断点法将所有数值划分为五个层级，其中数量最多的街区为容积率在 0.35—0.87 之间的街区，占到城市阴影区总街区数量的 42.57%，而数量最少的街区则是容积率处于最高层级的街区，其容积率在 2.26 到 4.19 之间，所占比重仅为 1.98%（表 3.6）。

表 3.6 城市阴影区容积率统计一览表

容积率分类	街区数量 / 个	所占比重 /%
2.26—4.19	2	1.98
1.41—2.26	12	11.88
0.87—1.41	24	23.76
0.35—0.87	43	42.57
0—0.35	20	19.80

基于容积率的整体数值分析，进而以各个阴影区片区作为单独的研究对象，对比其与周边相邻街区的建设强度差异。为便于统计，本书选取各阴影区周围一至三个街区所围合而成的片区作为比较研究对象，同样基于 ArcGIS 平台对其平均容积率进行统计分析（表 3.7）。

表 3.7 城市阴影区各版块的空间指标一览表

序号	阴影区片区	平均容积率			
		内部	一个街区环	两个街区环	三个街区环
1	湖南路阴影区	0.57	1.12	1.32	0.98
2	云南北路阴影区	0.85	1.53	1.37	1.36
3	颐和路阴影区	0.58	0.79	1.03	1.12
4	慈悲社阴影区	1.7	2.59	3.12	3.25
5	估衣廊阴影区	2.25	4.12	4.15	3.65
6	青石街阴影区	4.01	5.16	5.21	4.67
7	游府西街阴影区	1.34	2.65	2.89	2.47
8	火瓦巷阴影区	1.50	2.45	2.36	1.98
9	升州路阴影区	1.10	1.85	1.23	1.16
10	建康路阴影区	1.20	2.13	2.64	2.89
11	安德门阴影区	0.61	0.72	0.73	0.86
12	五塘广场阴影区	0.32	0.45	0.51	—
13	清凉门阴影区	0.84	1.35	1.56	1.24
14	凤台南路阴影区	0.43	0.64	0.58	0.67
15	六合片区阴影区	0.30	0.41	0.26	0.29
16	百家湖阴影区	0.60	0.70	0.81	0.84
17	科宁路阴影区	0.97	1.35	1.39	1.42
18	仙林片区阴影区	0	1.65	0.96	0.54
19	浦口片区阴影区	0.93	1.34	1.12	0.58

整体来看，各个阴影区与其周边片区在平均容积率数值变化均呈现相似的变化趋势，即外围相较于阴影区内部建设强度逐步加强；从另一角度来看，相较于周边节点而言，城市阴影区呈现断崖式剧烈衰减特征，这也符合其本身的定义。具体而言，老城内的阴影区在建设强度上向外围片区波动较为平缓，其增长的趋势及折线的斜率所呈现出的波动幅度大致相当，这也是存量发展背景下旧城长期更新改造的结果。相较之下，外围新城片区由于开发建设尚未完成以及时序问题，呈现出的波动幅度较大，其中浦口片区阴影区及六合片区阴影区则受农林地等生态保护空间的影响，随着距离增大而建设强度骤跌。

2）建设强度空间分布特征

在对阴影区及其周边片区的容积率数值波动变化特征分析的基础上，按照容积率数值大小，基于自然断点法将阴影区划分为深阴影区、中阴影区及浅阴影区。具体而言，将处于最低两个数值层级的阴影区街区划定为深阴影区，最高两个数值层级的街区划定为浅阴影区，中间数值街区为中阴影区。在此基础上，对其空间分布进行详细解析，以期探寻不同类型阴影区的空间分布规律（图 3.10）。

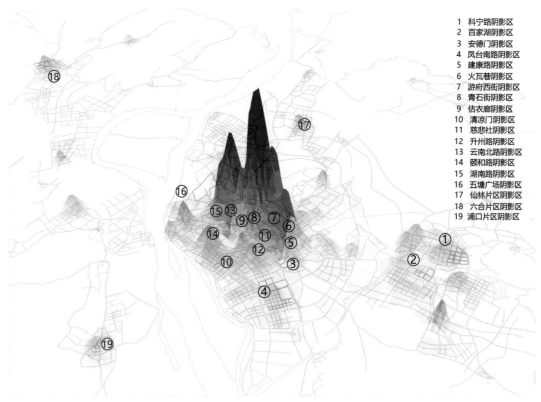

1 科宁路阴影区
2 百家湖阴影区
3 安德门阴影区
4 凤台南路阴影区
5 建康路阴影区
6 火瓦巷阴影区
7 游府西街阴影区
8 青石街阴影区
9 估衣廊阴影区
10 清凉门阴影区
11 慈悲社阴影区
12 升州路阴影区
13 云南北路阴影区
14 颐和路阴影区
15 湖南路阴影区
16 五塘广场阴影区
17 仙林片区阴影区
18 六合片区阴影区
19 浦口片区阴影区

图 3.10 南京城市中心城区建设强度空间分布及阴影区在其中位置

　　浅阴影区及中阴影区多集中于新街口片区，外围以深阴影区为主。新街口片区内阴影区所呈现出的相对高值建设强度分布特征较为明显，呈现出线性集聚的特征。容积率相对较高的街区主要集中于慈悲社阴影区、估衣廊阴影区、青石街阴影区、游府西街阴影区及火瓦巷阴影区，呈现以浅阴影区为主的空间布局态势，究其原因，这五个阴影区位于城市核心片区，街区尺度相对较小，同时在新街口核心节点的辐射影响下，经历长期的更新改造，其开发建设速度逐步加快，故而导致容积率相对高。而深阴影区片区可以大致划分为两类，一类是诸如位于河西片区、百家湖片区、仙林片区、江北片区等正处于相对新开发的区域，由于其街区尺度相对较大，目前处于开发建设的过程中，同时也为满足大尺度片区的功能承接需求，故开发率相对低，从而导致其容积率相对小，阴影区效应相对高，属于深阴影区范畴。

3）建筑密度特征

建筑密度作为另一项反映空间形态的重要指标，指的是片区中建筑物的基底面积总和与其总用地面积的比例，表征的是建筑物覆盖率或建筑密集程度。这一指标对于研究城市阴影区的内部空间布局、品质及其对外的潜在联系具有重要意义。同样，本节也就建筑密度数值与空间分布等进行比较研究。

建筑密度数值特征： 建筑密度是中低类型主导，受居住类及厂房类建筑影响较大。在统计各城市阴影区内街区建筑密度的基础上，采用自然断点法对其进行分类处理，形成具有针对性的类别划分。南京城市阴影区的街区平均建筑密度为 20.8%，其中建筑密度最大的街区达到了 69.2%，建筑密度为 0 的街区多为停车场地、绿地、拆迁安置地、待开发空地等开放空间用地。所占比重最大的类别为建筑密度在 17.3%—30.3% 之间的街区，达26.73%；此外，建筑密度为 30.3%—40.5% 与 4.25%—17.3% 的街区数量占比也较大，分别达到 23.76% 与 18.81%；而建筑密度在 40.5%—52.5% 的街区则占比最小，比重为 7.92%（表 3.8）。

表 3.8 城市阴影区建筑密度统计一览表

建筑密度 /%	街区数量 / 个	所占比重 /%
52.5—69.2	12	11.88
40.5—52.5	8	7.92
30.3—40.5	24	23.76
17.3—30.3	27	26.73
4.25—17.3	19	18.81
0—4.25	11	10.89

两者耦合低建设强度与中低建筑密度的组合类型为主。在此基础上，将南京城市阴影区的建设强度与建筑密度分布图进行空间耦合，进一步探究其空间形态开发布局的综合特征。根据上文的判定，分别将建设强度指标按照 0.87 与 1.41 两个临界值，建筑密度指标按照 40.5% 与 17.3% 两个临界值划分为高、中、低三个层级，基于此，分别对这三种类别进行两两匹配，得到九种组合类型（表 3.9）。其中可明显地看到，低建设强度与中、低建筑密度的组合街区数量最多，占比分别达到 29.7% 与 28.71%，这也与城市阴影区的本质特征相符，属于开发建设相对劣势片区。同时中建设强度高建筑密度与高建设强度中建筑密度两种类型的街区数量也分别达到 14 个与 11 个，占比分别为 13.86% 与 10.89%，这些片区多为传统民居建筑与部分中高层居住、商业建筑的混合。而其中不存在

高建设强度低建筑密度的街区，因为这一类型基本上都是高层居住或者商业建筑，多存在于城市核心节点片区。

表 3.9 城市阴影区建设强度与建筑密度综合分类统计一览表

建设强度与建筑密度综合分类	街区数量 / 个	所占比重 /%
高建设强度高建筑密度	4	3.96
高建设强度中建筑密度	11	10.89
高建设强度低建筑密度	0	0.00
中建设强度高建筑密度	14	13.86
中建设强度中建筑密度	8	7.92
中建设强度低建筑密度	2	1.98
低建设强度高建筑密度	3	2.97
低建设强度中建筑密度	30	29.70
低建设强度低建筑密度	29	28.71

建筑密度空间分布特征：南京城市阴影区建筑密度的空间分布基本呈现出一定的圈层式与簇群集聚相结合的格局（图 3.11）。建筑密度较高的街区主要集中于城市的中心位置，在青石街阴影区、游府西街阴影区以及升州路阴影区均有相对集中的分布，具体指向的是相对破旧的低层民居建筑。这一高值分布随着片区的扩散而呈现出一定的圈层递减趋势，究其原因，相较外围片区夹杂着公园绿地或者拆迁待开发等用地。此外，依托外围工业厂房集聚片区形成蛙跳式建筑密度峰值簇群片区，如科宁路阴影区。

将南京城市阴影区建设强度与建筑密度的空间分布进行叠加，并按照上文数值分析方法进行分类，得到两者耦合的空间分布规律。其中低建设强度低建筑密度街区多分布于老城外围片区，如五塘广场阴影区、凤台南路阴影区、仙林片区阴影区以及六合片区阴影区等，具体功能类型多为空置待开发用地、停车用地、零散工业用地等。低建设强度中建筑密度街区主要集中于云南北路阴影区、颐和路阴影区、清凉门阴影区以及安德门阴影区等，多为中低层废弃厂房或者相对破旧的民居建筑。相较而言，中建设强度高建筑密度、高建设强度高建筑密度以及高建设强度中建筑密度三类属于城市阴影区中开发建设相对多的片区，大部分集中于新街口节点与夫子庙节点周围。由于这两个片区的城市开发建设时间相对长，故其更新改造程度相对高；同时还有部分片区位于科宁路阴影区，属于建设相对密集的在用厂房建筑群。

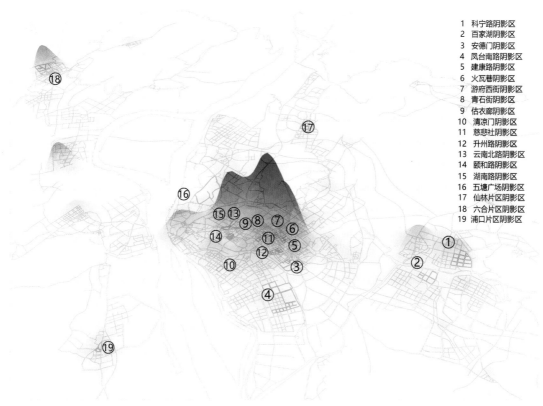

图 3.11　南京城市中心城区建筑密度空间分布及阴影区在其中位置

3.4.2　基于功能布局特征的城市阴影区类型

城市阴影区在功能上多起到为城市节点服务、承接其溢出非中心职能的作用，能产生一定的调节作用。在此基础上，本节主要分析城市阴影区具体是以哪几种功能为主，不同类型的功能在形态特征方面是否存在异同。

1）用地功能构成解析

城市阴影区的功能构成既包括二维层面的用地功能，也涵盖三维视角的建筑职能，前者表征的是某种功能占据的地面空间面积及比例，而后者强调的是该类职能的实际规模总量。两者的综合分析是对城市阴影区功能构成特征的全面反映。

用地类型以居住和工业用地为主，绿地及广场用地较少。根据上文对城市阴影区的特征分析，为避免多类型相关程度低的数据带来分散干扰，同时也便于统计分析与结论表征，本书参考《城市用地分类与规划建设用地标准（GB 50137—2011）》的相关用地分类标准，将城市阴影区内的用地类型划分为以下几种类型，分别为公共管理与公共服务用地（A）、商业服务业设施用地（B）、居住用地（R）、绿地与广场用地（G）、农林用地（E2）、工业用地（M）、空地与在建用地（K）以及其他用地 [包括物流仓储用地（W）、除城市道路用地外的道路与交通设施用地（S）、公用设施用地（U）等]。此外，经过实地精细化调研发现，受城市节点的辐射影响，在城市阴影区内部还存在一定数量的混合用地，主要指的是商业用地与其他类型用地的混合，包括商住混合用地（Cb1）、商办混合用地（Cb2）、商业文化混合用地（Cb3）、商业旅馆酒店混合用地（Cb4）四种类型，由于其相对特殊性故作为单独一类考虑。基于此，对南京城市阴影区的用地构成进行深层次规律及特征的解析。

表 3.10 城市阴影区各类用地统计一览表

用地类别	用地代码	用地面积 /hm²	所占比重 /%
公共管理与公共服务用地	A	37.73	2.73
商业服务业设施用地	B	129.77	9.39
混合用地	Cb	21.79	1.58
居住用地	R	297.83	21.55
农林用地	E2	230.92	16.71
绿地与广场用地	G	15.31	1.11
空地与在建用地	K	167.69	12.13
工业用地	M	379.65	27.46
其他用地	W、S、U	101.62	7.35
总计		1382.31	100

南京城市阴影区内，除去城市道路用地外，总用地面积为 1382.31 hm²（表 3.10）。其中，工业用地与居住用地所占用地比例最大，分别为 27.46% 与 21.55%，两者总和为 677.48 hm²，接近所有用地的一半，这也能进一步佐证上文对建设强度和建筑密度的数值与空间分布的结论。同时由于城市阴影区部分片区尚处于待开发或者正在开发建设状态，故其中在建用地相对多，面积达 167.69 hm²，比重为 12.13%。在服务设施相关的用地中，商业服务业设施用地比重相对较高，达到了 9.39%，但公共管理与公共服务用地以及混合用地数量相对较少，比重较低，仅为 2.73% 和 1.58%。此外，绿地与广场用地比重较低，为 1.11%，表明城市阴影区内整体绿化条件相对差，空间品质一般。

在此基础上，对各个阴影区的用地分布进行梳理，分析其中各斑块的用地类型，并研究其用地职能分布格局特征，从而揭示城市阴影区用地构成的深层次规律。通过表 3.11 所展示各阴影区内各地块的用地分布，可以将其总结为以下几种类型：① 居住用地主导型，以颐和路阴影区、慈悲社阴影区、青石街阴影区、游府西街阴影区、建康路阴影区

表 3.11 南京城市各阴影区用地职能空间分布

湖南路阴影区	云南北路阴影区	颐和路阴影区	估衣廊阴影区
慈悲社阴影区	青石街阴影区	火瓦巷阴影区	游府西街阴影区
升州路阴影区	建康路阴影区	安德门阴影区	五塘广场阴影区
凤台南路阴影区	百家湖阴影区	科宁路阴影区	六合片区阴影区
浦口片区阴影区	仙林片区阴影区	清凉门阴影区	图例
			居住用地　农林用地 学校用地　商贸用地 政府用地　市政设施用地 商住混合　军事用地 商办混合　商业用地 空置用地　仓储用地 水系用地 广场绿化 工业用地

以及升州路阴影区为典型代表，这一类型均分布于老城片区，内部多为老破小区或者年代较为久远的传统民居建筑群，同时，在邻近道路片区多分布商住混合用地或者零散的商业或者商务用地，是典型的小街区密路网的空间布局模式，也是长期的城市更新改造的结果；②工业用地主导型，以百家湖片区阴影区、科宁路阴影区、凤台南路阴影区为典型代表，这一类型多分布于老城外围，内部多为劳动密集型的厂房建筑群，年代相对久远，使用率较低，但由于产权等原因而难以拆除；③在建用地与其他用地混杂型，这一类型穿插于老城内外部分片区，已批待建用地、正在进行拆除改造用地、荒废用地、农林用地等的混杂，是下一步需要重点开发改造的目标，如湖南路阴影区、五塘广场阴影区、清凉门阴影区等。

2）建筑职能构成解析

建筑职能以日常居住与工业制造功能为主。建筑职能强调的是不同种类功能之间的实际规模关系，相较于用地功能而言，更能清晰地反映空间的实际利用状况。按照上文阐释，参考《国民经济行业分类（GB/T 4754—2017）》相关内容，结合各项功能的经济、社会、文化属性与自身特征，根据各类产业服务对象的不同，可将建筑功能大致划分为生产型服务功能、生活型服务功能、公益型服务功能、工业制造功能、日常居住功能以及其他功能六大类（表 3.12），根据城市阴影区与城市节点的功能差异，进一步将这六项职能归纳到中心职能与非中心职能两个类别，其中生产型、生活型及公益型服务功能由于其综合服务性质而被划分到中心职能类，相应地，其他三类功能则隶属于非中心职能。基于上述不同分类方式，对南京城市阴影区的建筑职能进行多维度的分析研究。

表 3.12 城市阴影区建筑功能类型划分表

功能类别		涵盖主要用地类别	建筑面积 /hm²	所占比重 /%
中心职能	生产型服务功能	金融保险、商务办公、贸易咨询、旅馆酒店、会议展览等	39.08	5.21
	生活型服务功能	零售商业、餐饮服务、住宿服务、专业市场、娱乐康体等	56.21	7.49
	公益型服务功能	行政办公、科研教育、体育健身、医疗卫生、文化服务等	28.35	3.78
非中心职能	工业制造功能	制造加工、物流仓储等	285.58	38.04
	日常居住功能	居住	307.19	40.92
	其他功能	公用设施、农林牧渔、军事管理、宗教文化等	34.35	4.57

南京城市阴影区共有建筑面积 750.76 hm², 与用地功能构成相比, 建筑功能构成更为集中, 导致其特征也更为突出。整体非中心职能占据绝对主导地位, 建筑面积高达627.12 hm², 占比为 83.53%, 相比之下, 中心职能仅占 16.48%, 反映出城市阴影区以非中心职能为主的特征, 对于邻近节点起到承接其溢出功能的配套辅助作用。其中, 生活型服务功能在中心职能中占比最大, 以零售商业为主, 形态上多为临街线性布局。非中心职能中, 日常居住功能比重最高, 其建筑面积为 307.19 hm², 占比高达 40.92%; 其次为工业制造功能, 多分布于老城外围, 比重与日常居住功能接近, 为 38.04%。

3.4.3 基于内外交通特征的城市阴影区类型

城市阴影区结构复杂多样, 散布于城市的各行政区划, 同时由于与城市核心片区的区位邻近特性, 人流、车流在其内外联系的集散压力相对较大, 在其发展演变过程中, 内外交通系统对其内部运转具有重要的支撑作用。本节从道路系统和内外交通组织两个方面对南京城市阴影区的内外交通特征展开研究。

1) 道路系统

城市阴影区道路系统中, 支路占据主导地位。城市阴影区往往在城市节点的带动作用下具有一定的相对优势, 但具体情况中, 其交通空间区位多因内外各类要素的割裂作用而呈现出"外难通、内不达"的不良局面。从整体层面计算南京城市阴影区内各等级道路的基本情况, 可知其涵盖的道路长度为 90 871.5 m, 道路线密度为 65.74 km/km²。其中, 支路数量最多, 长度为 51 202.2 m, 比重超过整体道路长度的一半, 高达 56.35%, 表明城市阴影区多由支路体系支撑, 其内部的交通可达性及通行效率相对低下。而快速路所占比重最少, 长度仅为 5192.3 m, 相应的占比为 5.71%。此外, 片区内城市主干道长度约为次干道的一半, 比重为 13.27% (表 3.13)。

表 3.13 城市阴影区道路基本情况统计一览表

道路等级	快速路		主干道		次干道		支路		总计
数据计算	长度/m	比重/%	长度/m	比重/%	长度/m	比重/%	长度/m	比重/%	长度/m
	5192.3	5.71%	12 062.5	13.27%	22 414.5	24.67%	51 202.2	56.35%	90 871.50

基于上述数据的基本统计, 对不同等级道路的数据变化规律及波动情况进行分析, 可知城市阴影区内各等级道路呈现出所占比重按照快速路、主干道、次干道及支路逐级递增

的特征，表明片区内各类公共服务设施的集聚能力相对弱，同时对于人流的承载力不强，这也在一定程度上限制了其发展机会，进而导致其活力不足。具体而言，城市阴影区片区内支路这一类毛细血管道路所占比重最高，其车流通行能力与承载能力相对低，可能导致其内部交通拥堵，从而难以激发内部活力。此外在整体层面上南京城市阴影区道路系统结构相对不合理，导致其整体效率偏低。

2）内外交通路网组织特征

第一，快速路、高架路及水系的阻隔割裂作用，导致阴影区的交通区位相对闭塞。南京城市内各阴影区斑块空间大小各异，导致其内部道路系统呈现出不同的特征，其中，安德门阴影区、凤台南路阴影区以及浦口片区阴影区受快速高架路影响较大，呈现出被"割裂"状态，进而与其他区域的联通性不强，同时部分片区也受城市水系影响而形成与核心片区沟通不畅的劣势格局。具体而言，以安德门阴影区片区为例，内环南线与凤台路十字相交形成了赛虹桥立交桥立体交通结构，为双向六车道设计，设计时速 80 km。这一交通枢纽虽然实现了城东南与城西南的互通，但其快速高架形式却对这一片区的自身交通区位造成一定的阻碍与割裂作用。同时，就这一片区而言，其北部的秦淮河客观上也造成了其与夫子庙片区的空间割裂，从而对其空间发展产生一定的瓶颈与阻碍作用。综上，安德门阴影区在道路路网交通结构方面受快速高架路及水系的割裂影响，加之自身处于交通位置相对闭塞的片区，造成其远离城市主干道同时也与次一级道路联系不畅的劣势状态，从而形成交通可达性瓶颈。

第二，内部支路系统结构布局混乱且路幅小而导致通行效率低。上文研究揭示南京城市阴影区道路系统的支路主导特征，故这一等级的道路系统结构对于整体的通行效率至关重要，但在实际调研中部分阴影区斑块内部的支路空间布局相对混乱，同时路幅窄小且存有尽端路，导致其内部车流、人流等的容纳能力及通行效率大大降低。以升州路阴影区为例，这一片区是南京老城南传统民居建筑群所在地，地理位置邻近夫子庙节点，形态上属于团块状空间类型。这一片区曾是城南较为繁华的地段，经过长期历史发展，现状以居住用地为主，夹杂着少量临街商业以及其他类型的公共服务设施。由于内部低密度低强度的特殊民住建筑组合形态，街巷成为其中的核心组织线性元素：一方面，部分区域出现支路系统缺失现象，而使得宅间小路、门前临时性小路等毛细道路承担起城市支路的作用，成为日常通勤廊道，这导致片区内的通行更为拥挤；另一方面，建筑形态的多样化导致部分片区存在锐角交接道路或者末端断头路，两者的共同作用最终导致其与外部片区的连通度相对差，进而导致其可达性与通行效率降低以及内部活力的衰弱。

城市阴影区时空演化要素的动态变化特征

·4·

在对南京城市阴影区的空间边界进行精细化识别并对其整体发展进行初步认知的基础上，本章重点分析动态网络视角下南京城市阴影区的空间结构特征。首先，本章基于手机信令大数据，针对南京中心城区构建了以街区为基本节点、街区间的人群流动强度为边的城市动态网络，并分析其空间结构的基本特征。在此基础上，按照"从整体到局部、从外围到内在"的一般分析思路，建构起动态网络视角下城市阴影区空间结构特征分析的联系强度、联系距离与联系方向的具体分析三要素。基于此，对城市阴影区对外联系强度的动态空间结构特征、城市阴影区与其他片区之间联系强度的动态空间结构特征，以及城市阴影区内部各街区之间联系强度的动态空间结构特征等三个方面进行凝练总结，以此详细探讨了动态网络视角下城市阴影区的空间结构特征。

4.1 城市动态空间结构整体性构建方法与特征

4.1.1 城市动态空间结构的整体性构建方法

流动与联系是城市动态网络的关键，城市内部各空间单元之间存在复杂的、包括人群流动在内的一系列流动与联系类型，由此产生并塑造了城市内部的动态网络空间结构。已有关于城市内部网络的研究通常将城市内部空间单元抽象为网络中的节点，在借鉴这一思路的基础上，本书将街区作为城市网络的基本节点单元，街区与街区之间基于人群流动所形成的联系抽象为连接边，以此构建南京城市动态网络。基于上述思路，本书构建南京城市动态网络的具体方法如下：

首先，确定构建和分析城市动态网络的时间间隔。由于手机信令数据的原始格式为手机基站导向，记录的是所服务用户处于连接状态的时间点，而本研究需要的是用户位置及所捕捉到的实时轨迹。为便于分析，需要先将具有时间连续性特点的用户位置数据分为若干个时间段。为此，本书对每一个手机用户的任意两个轨迹点的时间间隔进行了统计，以确定合适的时间间隔。如表 4.1 所示，两天的数据统计结果均显示，手机用户任意两个轨迹点的时间间隔 2h 以内的数据样本占全样本的比重达 95% 左右。因此，为尽可能地扩大数据覆盖率，本书以 0 点为起点，按照 2h 的时间间隔，将一天 24h 分隔形成 12 个时间段，即 0:00—2:00、2:00—4:00、4:00—6:00、6:00—8:00、8:00—10:00、10:00—12:00、12:00—14:00、14:00—16:00、16:00—18:00、18:00—20:00、20:00—22:00、22:00—24:00。

表 4.1 不同时间间隔的手机用户占比

日期	1h 以内间隔占比 /%	1—2h 内间隔占比 /%	2h 内间隔占比 /%
2015 年 11 月 11 日	71.2	24.2	95.3
2015 年 11 月 21 日	66.8	27.3	94.1

其次，建立手机基站与街区之间的空间映射关系，将手机用户的位置信息与街区的位置信息进行关联（图 4.1），进而可以将人群在空间上的移动轨迹反映到街区之间的空间联系。

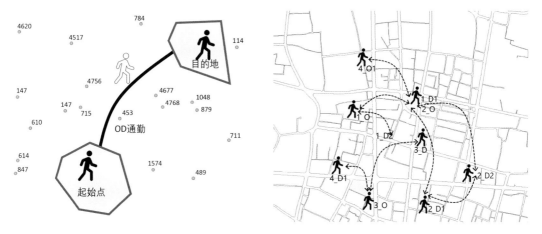

图 4.1 人群移动与城市网络建构推演关系示意图

再次，构建两两街区之间基于人群流动形成的 OD 矩阵（如表 4.2 所示）。具体而言，原始数据经处理后可按照手机用户 ID 及时间顺序进行排序，故可基于这一先后顺序的属性进行不同手机用户先后到达某街区的排序判定，并形成其 OD 点轨迹的连接。由于本研究关注的是人作为空间使用主体对城市的使用情况，故需对各个时间段的用户位置进行统计并汇总至街区层面，将各时间段下的两两街区单元之间的人群流动数量作为其功能联系的强度值，以此作为网络的基础数据。同时，由于人群流动具有方向性，故对于各个街区单元而言，其流动的数据可以进一步分为流入与流出两个部分，这也表征了某一特定街区与网络其他片区之间联系的具体方向。根据手机基站与街区位置的空间映射关系，将某一时间段内的手机用户OD轨迹数据进行汇总，便可得两两街区之间基于人群流动的OD矩阵。计算作为网络基本节点单元的各个街区之间的联系强度。

表 4.2 两两街区间人群流动的 OD 轨迹统计矩阵

	街区点 1_O	街区点 2_O	街区点 3_O	街区点 4_O	……
街区点 1_D					
街区点 2_D					
街区点 3_D					
……					

最后，对建构的城市动态网络模型进行简化。以街区作为基本空间单元，以各时间段下两两街区间的人群流动量作为基本数据，建构一天中包含12个时间段的城市动态网络。为进行对比研究，本书重点区分了工作日的城市动态网络与休息日的城市动态网络。图4.2对不同日期、不同时间段的南京城市动态网络进行了可视化展示。

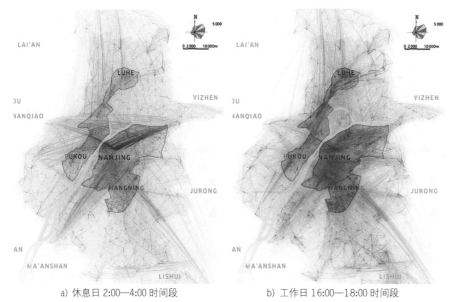

a) 休息日 2:00—4:00 时间段   b) 工作日 16:00—18:00 时间段

图 4.2 不同日期、不同时间段的南京城市动态网络

注：红色点和黄色点分别表示出发地和目的地，颜色的浓淡程度表示人流的稀疏程度

4.1.2 数字动态与城市动态空间结构的特征

手机用户在城市内部空间中的穿梭流动引发了城市的空间交互，而庞大数据量的空间交互所形成的人群流是城市潜在空间布局的外在表征，这也构成了本书所研究的复杂轨迹网络基础。结合这一时空网络的特点，本书建构基于"总体—分区—节点"三个层级关系的城市动态网络研究框架，由此定量探究城市阴影区在整体层面的内部专项特征。总体层面是针对城市中心城区的全覆盖研究，指向其与外围片区的整体集聚扩散效应，在城乡二元体制的作用下，中心城区与外围片区所发生的各种物资、信息等交换带来人群的频繁流动，也促进了城乡既存在分野也包含交互；同时，在各行政片区的相关政策导向与规划建议的引领下，其内部的公共服务设施、产业生产、居住配套等均存在一定差异，对各自空间布局影响较大，从而带来城市阴影区各片区的异质性发展；最后是针对各阴影区板块内外开发建设落差带来各类要素交换的探讨，这也是其内部流动与外部联系的最重要影响机制，表现在人群集聚程度、行为活动类别、活跃时空变化等方面均存在不同的特点。

1）整体层面：昼夜差异显著，工作日通勤流动强度高于休息日

本书研究所选取的 2015 年 11 月 11 日与 21 日为该年的两个典型工作日与休息日，两者的横纵向比较研究能初步揭示出城市两种运营状态的一般规律。整体而言，对于中心城区尺度，工作日与休息日的共同特点之一为昼夜流动状态差异悬殊，整体呈现 M 型的分布态势（图 4.3）：在夜晚 12 时到早晨 6 时之间，人群处于夜间休息状态，城市整体的动态流动性最弱；相较而言，8—10 时与 16—18 时为一天中流动性最强的时间段，这也对应着南京城市的上下班早晚高峰段。此外，8—18 时均为人群流动相对密集时期，这一期间也均呈现出两端峰值、中间低谷的流动变化趋势，在 12—14 时之间达到密集时段的相对低值。

进而，结合本书的数据基本特征，同时根据人群的一般作息活动规律，本书引入昼夜比的概念对人群流动的昼夜差异进行刻画。具体地，本书选择 8:00—10:00 以及 0:00—2:00 时间段所捕捉到的手机用户流动量的比值作为昼夜比指标进行计算，这一指标能较好地对人群流动的昼夜差异进行对比分析，其计算公式如下：

$$昼夜比 = 8:00 — 10:00 人流量 / 0:00 — 2:00 人流量$$

可以发现，一天当中的流入流出人群量的昼夜比相似，如 11 日流入流出昼夜比分别为 5.80 和 5.74，相应地 21 日中两数值也集中于 5 左右。比较而言，工作日比休息日的昼夜相对差距大，说明相较于休息娱乐，工作通勤对人群流动的推动作用更大。

　　最后，对两个典型日期的各个时间段流入流出人群数量进行差异化对比研究，发现整体数据在 6:00—8:00、8:00—10:00 以及 16:00—18:00 这几个时间段存在较大波动。其中 16:00—18:00 这一时间段的人群流入、流出及整体波动最大，这也进一步验证了晚高峰的人群流动最为活跃。同时，流出人群的数量波动小于对应的流入人群，但流出人群数量要大于流入人群，这一点表明中心城区相较于外围的人群外溢效应更为突出，这也加速了其与周围卫星城镇的功能联系。

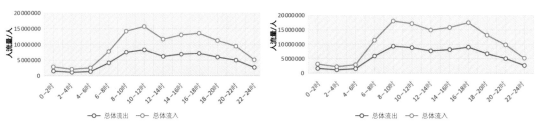

a) 工作日（左）和休息日（右）分别流入流出量统计

注：—◯— 为流出，—◯— 为流入

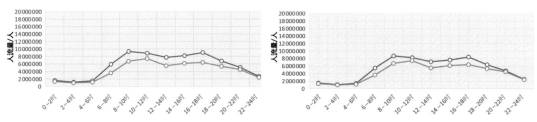

b) 工作日与休息日整体流出（左）与流入（右）波动对比统计

注：—◯— 为工作日，—◯— 为休息日

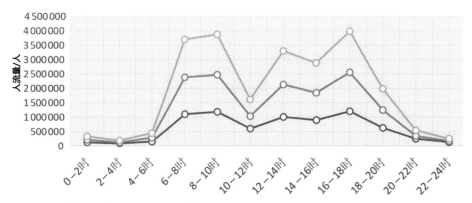

c）工作日与休息日总体、流入以及流出波动对比

注：—◯— 为整体波动，—◯— 为流出波动，—◯— 为流入波动

图 4.3 中心城区 11 日（工作日）与 21 日（休息日）流入与流出人群总量对比分析图

在中心城区尺度下，就动态联系的总体趋势而言，高值点一部分集中于老城外围片区，另一部分集聚于各区划的核心片区，如新街口十字交叉口片区、东山核心片区等，同时基本形成向外递减的跳跃式圈层状分布态势。这些片区人流量及通勤流相对稳定，是人群活动的锚点地区，承担着南京城市中心城区人流网络的"中间"与"相对核心"位置，对整体的人流流向具有一定的控制力；同时，它们与周边其他节点之间的联系路径也相对较短，具有较强的通达性，从另一个角度也可将其看成连通人群内外流通的"跳板"。作为这类高值点片区的典型类型之一，高校机构的内部人群构成相对稳定且统一化，以河海大学—南京师范大学（随园校区）片区为例，其人群构成方面相对单一，以教师、学生群体为主，以教学活动为导向，由此带来一天当中的人流量变化相对小，同时其活动类型的相对稳定性也带来其活动范围的固定性，从而形成一定的锚点生活圈；再者，这一特殊类型片区集聚着年轻群体，是城市未来创新和活力的激发点，对于周边片区尤其是阴影区片区公共空间品质的提升以及活力的带动具有重要意义。

同时，中心城区的稳固区与潮汐区描述了南京市人群的空间分布及流动状况，在一定程度上反映了城市空间结构的内在运行机制。就工作日与休息日 24h 的人群流量的时空分布动态结果来看，新街口片区与河西片区是两大人流高峰核心，中山路—中山北路是较为稳固的高活力带，两类稳定片区成为城市整体活力发展的带动主体。

2）片区层面：主城区占据人群流动主导地位，江北片区波动最剧烈

上文是对于城市中心城区整体层面的流入流出量及其波动规律的分析，鉴于城市阴影区各斑块的空间区位的差异，本书进一步将南京中心城区范围细分为主城区、东山片区、江北片区以及仙林片区，对比不同片区的人群流动变化特征（图 4.4）。总体看来，各片区在工作日与休息日的人群流动变化趋势与中心城区整体相近，人口流动强度由大到小依次为：主城区、江北片区、东山片区、仙林片区。其中，主城区在公共服务设施、就业机会等占据的相对主导优势带来其人群流入流出量最大的现状，而东山片区与江北片区均为居住及相关配套为主的开发建设状态，其人群流量相当。从各片区的流入流出人群量差值来看，主城区及仙林片区基本持平，表明其内部处于相对自平衡的状态；相较而言，东山片区及江北片区人群流出量均高于流入量，究其原因，这两个片区受主城的公共服务设施及就业岗位等吸引集聚作用，其中劳动力资源涌入主城，但同时东山及江北片区的房价相对低廉又使得这部分人群最终选择在该地买房，从而形成主城对其集聚高于扩散作用的人群流动局面。

同时，对比工作日与休息日的人群流动态势，工作日仍保持流入流出量较高，且各

片区的流出量均相对流入量高，这也进一步验证了工作通勤对人群流动的促进作用以及外围片区对中心城区人群的承接效应。此外工作日的上下班高峰时间段（8:00—10:00 以及 16:00—18:00）人群流动量的相对优势在休息日并未得到体现，而其相对高峰时区均往后推移 2h，这也基本符合休息日的居民一般作息及出行娱乐行为习惯。在昼夜人群流动分布方面，江北片区的昼夜比值最高，其次为主城区、仙林片区及东山片区。这一排序表明，江北片区由于目前仍处于开发建设的初级阶段，江北新区仍在规划中，其就业与居住难以平衡，带来人群通勤及相应的交通压力。相较而言，东山片区在相关规划政策、产业新区的扶持带动下，就业岗位增加，公共基础配套逐步完善，其内部逐渐趋于相对饱和与平衡。各片区的职住平衡状态、公共服务设施的完善度等均会对其内部人群集聚及相对应的城市阴影区发展具有一定的影响。

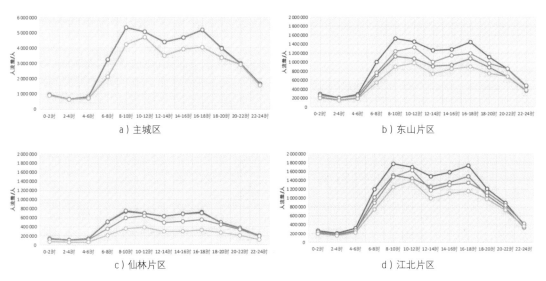

注：—○— 为工作日流出，—○— 为工作日流入，—○— 为休息日流出，—○— 为休息日流入

图 4.4 中心城区各片区工作日与休息日流入与流出人群总量对比分析图

其中，江北新区作为南京城市辐射苏北、安徽腹地的门户地区，是南京承东启西的重要枢纽，但其目前正处于加快城市化进程时期，城市扩张方式仍以粗放式高土地需求模式为主，同时其原有的产业架构也需要进一步调整，尤其国家级江北新区的设立，更为其未来发展带来极大动力。但其目前发展仍存在较大劣势：一方面，这一片区受跨江交通的制约，与江南片区的功能联系、人群流动等存在一定的阻隔；另一方面，其公共设施、基础设施等相对落后，市级财政投入相对弱，内部结构不合理，人地矛盾日益尖锐，多种因素

的叠加导致其在整体层面的人群集聚吸引力相对弱、流动性低，但其中阴影区片区属于居住用地主导，受职住通勤影响，其流动性相对高，两者出现一定的波动反差现象。

4.2 城市阴影区时空演化分析的核心要素解析

4.2.1 城市阴影区时空演化分析的要素类型

进入 21 世纪以来，研究者对于城市本体研究关注的重点从系统平衡转向总体动态性，而近年来他们将视角进一步聚焦，转向对城市自下而上的动态生长与变化的分析。也即，对于城市内部空间要素的研究，其要素本身用于建构城市结构，同时通过要素间的相互作用实现带有行为特征的城市各项功能的运转过程。城市阴影区作为整体空间的组成部分，其动态网络的研究也需要遵循总体结构的一般特点，前人学者提出的以下三个维度最为关键，分别为规模尺度、流动交互以及时间动力学，它们是支撑城市各空间单元成为相互作用、沟通、关系、流和网络的基本所在。其中，规模尺度指的是一定范围内的空间要素大小变化，流动交互即不同区位之间的空间要素相互作用的强度，而时间动力学则强调这一空间要素的变化方式。

基于此，在研究维度方面，本书借鉴前人研究，将动态网络研究视角下的城市阴影区特征拆解为"空间联系强度、空间联系距离、空间联系方向"三个核心要素（图 4.5），三者相互关联同时也互为影响。手机信令数据中用户在一天当中各个时刻的空间位置及其形成的路径轨迹表征各空间单元之间的功能联系，其中两两街区之间的流动人口数量表征联系强度，流入流出的统计表征流动方向，流动所依托的实体道路表征联系实际路径相对距离，依此构建包括城市阴影区在内的全城流动联系网络，同样地重点对城市阴影区各斑块的内部之间、与外部的联系时空动态变化进行详细分析，揭示其功能联系的对象、时空强弱变化、在城市动态网络中的位置与作用等方面的具体特征规律。具体而言，在空间联系强度的研究框架下，这一指标表征的是不同时间段内某一空间研究单元对不同联系实体对象的功能联系数量，是基于片区内手机信令用户数据的实时统计结果，以解析城市阴影区在各个空间维度的动态联系强弱变化；在空间联系距离的研究框架下，按照不同联系强度空间对象的空间分布，构建起两者之间的相对位置关系，两种因素叠加构成了距离与强度的互为对位；在空间联系方向的研究框架下，由于人群流动的方向无序性，其中的流入流出也构成了一种相对概念，尤其对城市阴影区这种具有相对固定边界的空间实体而言，在不同时间段内，其中的输入输出以及所承载的人群流量均会发生实时的变化。

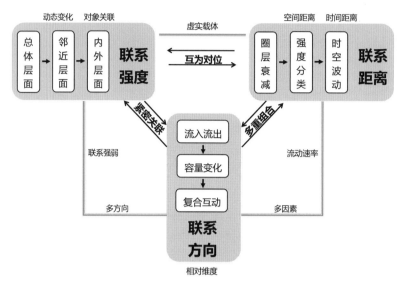

图 4.5 动态网络视角下城市阴影区空间结构研究的三要素关系

4.2.2 城市阴影区空间联系强度的动态变化

对某一特定的城市阴影区而言，在不同空间层次，其所参与流动联系的单元实体数量及相互间的空间组合方式会呈现出对应的差异。本节主要从总体、群体和个体三个层面分析其空间联系强度的动态变化。其中个体的流动与联系是群体交互关联的根源基础，进而也构建起城市总体空间的动态网络。

第一层面亦即总体层面，重点关注城市阴影区在城市动态网络中总的对外和对内联系强度的变化，反映的是某一特定阴影区在城市动态网络中所处的地位与承担的作用，其具体测算是将该阴影区内的各个街区与该阴影区外的其他所有街区之间的空间联系强度进行加总。这一指标越大，则表明其在网络中的相对地位越高，越能承担传递信息、承载资源作用的"社会桥"角色。在对街区的人群流入与流出量进行计算的基础上，根据城市阴影区与街区之间的包含关系，我们可以进一步计算某一城市阴影区在某一时段的总人群流入与流出量，也可相应地表征这一街区对人群的吸引力与辐射力。

第二层面亦即群体层面，重点关注城市阴影区与其周边邻近城市核心区片区之间空间联系强度的变化。在城市动态网络结构中，各个片区之间并不是相互孤立的，其之间存在相互联系、相互影响的交互关系。城市阴影区相对周边片区处于相对弱势地位，但其在邻近城市各层级节点的辐射作用下成为人群集聚扩散流动的相对重要的空间场所。城市阴影区作为核心片区非中心职能溢出的承接区域，与周边邻近城市核心片区的联系是推动城市阴影区发展的重要动能。因而，对这一群体层面的城市阴影区空间联系强度动态变化的研究，有利于深刻理解城市阴影区与其周边邻近核心片区的对流承接关系。

第三层面亦即个体层面。城市阴影区作为一个空间本体，其内部所包含的各街区之间往往也存在较为紧密的空间联系，并对城市阴影区的整体发展态势和结构特征产生最为直接和剧烈的影响。有必要进一步深入探讨城市阴影区内部各街区之间空间联系强度的动态变化。因此，本书引入城市阴影区平均空间联系强度这一概念，来表征城市阴影区内部各街区之间的功能互动强弱，其具体算法为某一特定时间段该城市阴影区部各街区之间人群流动的总强度与内部街区个数的比值。

4.2.3 城市阴影区空间联系距离的动态变化

城市阴影区的对外空间联系强度在很大程度上受其与对外空间联系单元之间的相对距离影响，由此产生空间联系距离。具体而言，城市阴影的对外空间联系距离可以定义为与该阴影区具有一定联系强度的各城市片区到该阴影区的平均空间距离。这一空间距离会随时间的变化而变化，具有一定的动态性。就各阴影区片区而言，在相对稳定的时间片区及同一值域的联系强度两种条件叠加下，其所联系的空间单元对象存在不同相对距离的分布关系；而就与其相对固定的联系距离所辐射到的空间单元而言，两者间的联系强度可能处于动态波动状态中。由此，两者形成时空维度的联系势圈，且这一势圈投影到空间上可能是一个相对完整的圈层，也可能是半圈层，具体视联系对象的相对空间分布而定。同时，随着不同时间日与时间段的变化，阴影区的对外联系会发生相应的动态波动，而反映到其空间联系距离则会出现相对势圈的时空改变。

4.2.4 城市阴影区空间联系方向的动态变化

动态网络视角下，城市阴影区空间结构特征的另一项重要维度便是其空间联系方向，这一方向性在很大程度上决定着其实际的人群容纳力以及输入输出量。由于人群流动的 OD 联系是一种有向权重联系（directed weight linkage），将这一联系投影到城市动态网络，其中有向指的是节点联系的方向性，一般表示为这一节点对其他节点的关注度或者被关注度的区别，而在人群流动则表示为某一节点的人群流入或者流出行为；权重表征的是一定时间段内两两节点之间的人群流动量，代表两者连接关系的紧密程度。按照这一基本定义，本书对节点联系的方向性计算公式如下：

$$P_a = (WO_a - WD_a) / (WO_a + WD_a)$$

其中，P_a 代表城市动态网络节点 a 的联系方向指数，数值在 −1 与 1 之间，WO_a 为以节点 a 为出发点的人群流出量，也即节点 a 的点出度，相应地，WO_a 是以节点 a 为目的地的人群流入量，即节点 a 的点入度。在这一计算公式中，若 P_a 趋向 0，则表明一定时间段内节点 a 的点出度与点入度基本持平，也即人群流入量基本等于流出量；若 P_a 为正值，则表明这一时间片段内节点 a 的点出度大于点入度，其人群流出量大于流入量，且 P_a 越趋向于 1，则这一节点的人群流出量较流入量的相对量越大，反之亦然。

4.3 城市阴影区空间联系强度的动态变化特征

4.3.1 城市阴影区总体空间联系强度的动态变化特征

1）城市阴影区总体空间联系强度动态变化的四种类型

在借鉴已有研究并对数据变化规律进行初步分析的基础上，本书选取波动率与昼夜比这两项指标来反映城市阴影区总体空间联系强度的变化，并对其进行类型划分。其中，波动率表征的是某一城市阴影区在一天 12 个时间段内总体空间联系强度（两个日期的流入和流出量之和）变化的稳定程度，可以用不同时间段总体空间联系强度的标准差进行反映，其数值越高表示一天内总体空间联系强度变化的频率或者幅度越大，反之亦然。昼夜比表征的是白天与夜间的总体空间联系强度差异性，其计算方法上文已有提及。昼夜比可以进一步反映城市阴影区的相对职住平衡情况，其数值越大代表该阴影区的职住不平衡程度相对较高，反之亦然。

基于以上分析，本书首先测算了 19 个城市阴影区总体空间联系强度的波动率和昼夜比这两项指标，其结果如表 4.3 所示。可以看出，颐和路阴影区总体空间联系强度的波动率最高，其数值达到了 33.86，而五塘广场阴影区总体空间联系强度的波动率最低，其数值仅为 1.8。同样地，建康路阴影区总体空间联系强度的昼夜比最高，其数值达到了 9.70，而仙林片区阴影区总体空间联系强度的昼夜比最低，其数值仅为 2.14。

在上述计算结果基础上，分别以这两项指标的平均值作为阈值将南京的城市阴影区分为四类（表 4.4）：①波动率低且昼夜比低的阴影区，包括五塘广场阴影区、清凉门阴影区和六合片区阴影区；②波动率低且昼夜比高的阴影区，包括百家湖阴影区、安德门阴影区、科宁路阴影区、凤台南路阴影区和升州路阴影区；③波动率高且昼夜比低的阴影区，包括火瓦巷阴影区、游府西街阴影区、湖南路阴影区、浦口片区阴影区和仙林片区阴影区；

表 4.3 城市阴影区总体空间联系强度的波动率与昼夜比测算结果

阴影区名称	总体空间联系强度的波动率	总体空间联系强度的昼夜比
五塘广场阴影区	1.80	3.60
清凉门阴影区	2.63	3.16
六合片区阴影区	3.73	3.03
百家湖阴影区	7.91	7.75
安德门阴影区	7.20	7.28
科宁路阴影区	4.44	4.33
凤台南路阴影区	6.73	6.29
升州路阴影区	9.43	5.34
火瓦巷阴影区	17.88	3.98
游府西街阴影区	17.26	2.67
湖南路阴影区	15.05	3.56
浦口片区阴影区	18.17	3.07
仙林片区阴影区	14.08	2.14
颐和路阴影区	33.86	5.51
慈悲社阴影区	30.63	7.30
云南北路阴影区	32.06	4.45
青石街阴影区	26.73	8.16
估衣廊阴影区	12.49	4.39
建康路阴影区	28.14	9.70

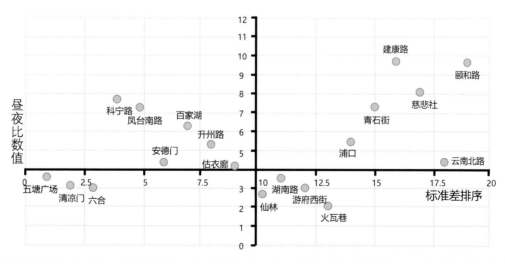

④波动率高且昼夜比高的阴影区，包括颐和路阴影区、慈悲社阴影区、云南北路阴影区、青石街阴影区、估衣廊阴影区和建康路阴影区。

表 4.4 基于总体空间联系强度波动率与昼夜比的城市阴影区类型划分

阴影区类型	阴影区名称	类型总结	图示
波动率与昼夜比均低	五塘广场阴影区 清凉门阴影区 六合片区阴影区	总体空间联系强度整体较弱，且阴影区覆盖的面积较小，涉及许多正处于改造的地块	
波动率低且昼夜比高	百家湖阴影区 安德门阴影区 科宁路阴影区 凤台南路阴影区 升州路阴影区	总体空间联系强度整体也较弱，但就业职能相对突出，昼夜比较高，以工业园区片区为主	
波动率高且昼夜比低	火瓦巷阴影区 游府西街阴影区 湖南路阴影区 浦口片区阴影区 仙林片区阴影区	多位于城市各片区核心的辐射区范围，人群活动强度相对大，其中既包含一定面积的就业空间，也有许多居住区	
波动率高且昼夜比高	颐和路阴影区 慈悲社阴影区 云南北路阴影区 青石街阴影区 估衣廊阴影区 建康路阴影区	多紧邻城市各片区核心，就业活动相对丰富，以就业职能为主，基于职住关系的通勤现象较多	

2）典型城市阴影区的总体空间联系强度动态变化分析

在上述类型划分的基础上，综合考虑地理区位及具体构成，本书选取五塘广场阴影区、百家湖阴影区、升州路阴影区以及慈悲社阴影区分别作为四种类型阴影区的典型代表进行深入分析，解析其总体空间联系强度在城市整体动态网络中的变化特征。

波动率低且昼夜比低类型——五塘广场阴影区：对波动率低且昼夜比低类型的阴影区而言，其人群流动具有舒缓变化的特点，具体表现为其总体空间联系强度整体偏低且随着时间缓慢变化。这一类型的阴影区多分布于南京城市中心城区相对外围片区，在用地职能方面以空置地、农林地等为主，空间相对破碎，对人群的集聚能力相对低。本书选取五塘广场阴影区作为这一类型阴影区的典型代表进行具体分析，其不同时间段的总体空间联系强度变化如图 4.6 所示。

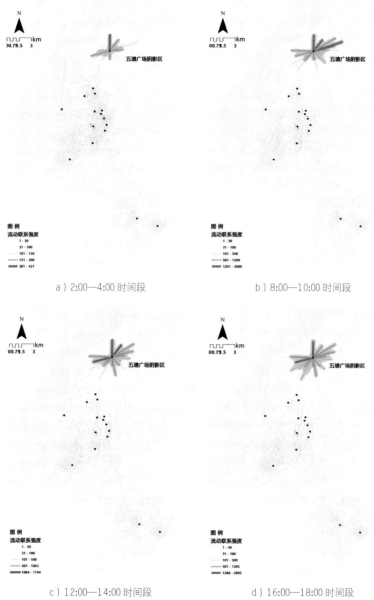

a) 2:00—4:00 时间段　　　　　　　　b) 8:00—10:00 时间段

c) 12:00—14:00 时间段　　　　　　　d) 16:00—18:00 时间段

图 4.6 五塘广场阴影区不同时间段下的总体空间联系强度变化

五塘广场阴影区位于南京主城区北部，从整体区位环境来看，其周边主要为片区级城市节点与大型居住区，内部则以农林用地及待更新改造的废弃厂房为主，在与城市道路连接的区域建设有一定量的住宅小区及其相关生活服务类配套设施。五塘广场阴影区在空间形态上有两个特征：一个是其内部的建筑规模相对小，但用地面积规模相对大，相对周边衰减特征较为明显，整体开发强度较低。由于其内部存有较大面积的农林用地，目前尚未被很好地开发利用，导致其公共设施较周边片区呈现明显的断层现象，在景观风貌、功能业态及人群构成上具有较大差异。二是其内部的交通网络结构相对破碎，以相对较窄的小路为主，导致其通达性相对弱，同时公共服务设施的均好性不足，呈现出"一层皮"的开发模式，从而难以集聚人气。基于上述两个方面的特征分析可以看出，五塘广场阴影区整体片区对于人群流动的容纳能力相对小，内部所能提供的就业岗位有限，导致其昼夜比相对较低。此外，通过实地踏勘发现其居住区房龄相对老旧，部分为周边拆迁安置回迁户，这一类人群的工作地多倾向于就近地，这带来其人群流动的需求相对小，故而呈现出整体波动率相对低的态势。

波动率低且昼夜比高类型——百家湖阴影区：对波动率低且昼夜比高类型的阴影区而言，其总体空间联系强度的整体基数较低，且内部空间呈现出一定的空间同质性，以生产制造职能为主，建筑肌理相似，织补于城市各片区内部。然而，由于其所能提供的就业岗位相对多，故而白天人群流动相对频繁，但夜晚呈现出"倦鸟归巢"式的人流反密现象，导致其空间联系强度的昼夜差异显著。本书选取百家湖阴影区作为这一类型阴影区的典型代表进行深入分析，其不同时间段的总体空间联系强度变化如图4.7所示。

作为典型的工业用地主导的城市阴影区，百家湖阴影区毗邻百家湖核心片区与东山核心片区，并位于京沪高铁南京南站与南京禄口国际机场形成的"金轴"之上，在区位上具有一定的优势。在近年来江宁开发区快速发展的带动下，百家湖阴影区吸引了包括绿色智能汽车产业、智能电网产业、新一代信息技术产业、现代物流产业、生命科学产业、人工智能与未来网络等一批科技未来产业等的入驻，形成了以经济实体为基石、以科技创新为引领的现代产业体系。在多种相对优势的共同作用下，其目前发展态势相对平稳。然而，从空间形态维度来看，百家湖阴影区与周边商业综合体和高层住宅等形成相对强烈反差，呈现出开发建设的相对洼地。具体而言，百家湖阴影区具有两个显著特征：一是片区内的建筑规模相对较小，以1—3层的低矮厂房建筑为主，同时为满足生产防护的要求，其中存在较大比例面积的空置用地，整体产生类似"真空"效应，很难消解；二是其内部存在较为明显的公共服务设施分布衰减及人气集聚的断层，由于各厂区的相对独立性，在规模与生产产品类型等方面具有较大差异，难以拓展整合为一体化产业集群。

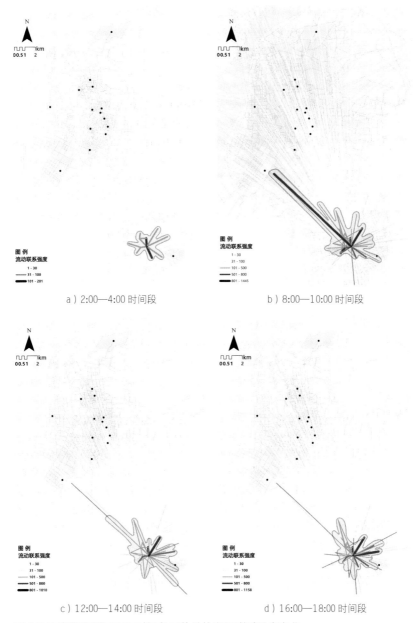

a）2:00—4:00 时间段　　　　　　b）8:00—10:00 时间段

c）12:00—14:00 时间段　　　　　　d）16:00—18:00 时间段

图 4.7 百家湖阴影区不同时间段下的总体空间联系强度变化

　　在其生长模式与本身性质的作用下，百家湖阴影区所承载的人群类型及其行为活动模式相对单一，多为园区内的工作人员，且具有一定的稳定性，进而导致其内部人群基数较小，波动率相对低。此外，在实地调研的基础上，发现园区内的工作人员模式多为附近片区居民就近工作，故而存在日常通勤行为，其白天工作状态与夜晚休息状态下人群流动相对差异较大，导致其昼夜比数值较高。总体而言，该阴影区的空间联系强度变化整体波动率低昼夜比高的特点。

波动率高且昼夜比低类型——湖南路阴影区：对波动率高且昼夜比低类型的阴影区而言，其最为典型的特征在于用地的混杂性，既包含相对破败的空地或在建地，也存有一定量的商业设施，故对人群的吸引集聚能力相对高，导致其内部人群活动类型相对丰富。但由于内部居住及就业功能均相对弱，故人群在昼夜的流动差异不显著，导致其昼夜比相对

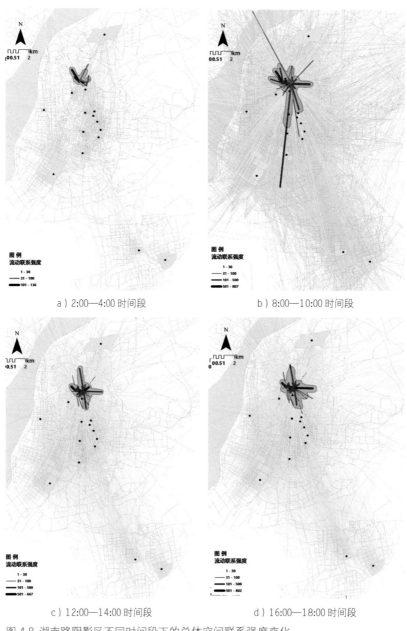

a）2:00—4:00 时间段　　　　　　　　　　b）8:00—10:00 时间段

c）12:00—14:00 时间段　　　　　　　　　d）16:00—18:00 时间段

图 4.8 湖南路阴影区不同时间段下的总体空间联系强度变化

低。本书选取湖南路阴影区作为这一类型阴影区的典型代表进行详尽研究，其不同时间段的总体空间联系强度变化如图 4.8 所示。

湖南路阴影区紧邻湖南路商业中心，周边有中央商场、凤凰广场、吾悦广场等多个商业综合体，同时紧邻玄武湖公园这一城市综合性公园，处于南京老城内的湖南路片区级节点辐射范围内。此外，这一片区也邻近三个高校校区，分别为南京工业大学虹桥校区、东南大学丁家桥校区以及中国药科大学玄武门校区。这一片区曾经是南京城市人流网络的一个重要节点，其中的湖南路灯光夜市、狮子桥美食街、军人俱乐部、"长三角"图书市场、山西路市民广场等均吸引着多类型的人群活动。然而，随着城市发展和居民生活需求的不断升级，这一片区逐步衰落，其更新改造迫在眉睫。在此种背景下，湖南路阴影区片区进入了拆迁改造再重新建设阶段，内部现状为建设空地，在片区三维形态上呈现出断崖式衰减现象，其开发强度低，建设周期相对长，对人群的吸引力弱，从而呈现出阶段性的阴影区效应。同时，受整体片区衰落的影响，紧邻拆迁片区的西侧街区也呈现出开发建设强度较弱、内部人气不足的问题。

整体而言，湖南路阴影区对内分布着零散的商业、居住区及其配套设施，对外受邻近商业综合体、高校、公园及医院等的辐射，两种作用综合结果导致其人群基数相较于城市其他片区属于中等水平，同时内外的巨大差异性导致其波动率相对高。此外，由于其内部的就业岗位相对少，导致白天与夜晚的人群流动数量差距相对小，从而呈现出昼夜比相对低的特征。综合来看，这一阴影区片区尚处于发展未成熟阶段，其人群流动相对不稳定。

波动率高且昼夜比高类型——慈悲社阴影区： 对波动率高且昼夜比高类型的阴影区而言，大部分这类型的阴影区位于南京老城新街口核心片区辐射范围内，多为老旧小区主导的居住用地，且包含相关的生活性服务设施用地。这类型的阴影区具有公共服务设施相对密集、就业岗位相对丰富的优势，但也面临地价和生活成本相对较高的劣势，从而导致其人群流动呈现出显著的潮汐现象。本书选取位于新街口核心地段的慈悲社阴影区作为这一类型阴影区的典型代表进行具体分析，其不同时段的总体空间联系强度变化如图4.9 所示。

慈悲社阴影区属于典型的城市核心节点辐射下的阴影区类型，它紧邻新街口地区，德基广场、艾尚天地、南京世界贸易中心、金轮国际广场等商业综合体均在步行范围内，周边配套设施相对丰富，区位优势较为明显。就其内部构成而言，除平家巷小区、明华清园等老旧小区及其周边配套的日常生活性商业设施外，还存有以沈举人巷为线性组织的民国建筑群以及以尼姑庵为前身的慈悲社建筑群。然而，这些历史遗迹却未能得到较好的保存，原有建筑已破败而面目全非，虽经过一定的整修，但呈现出的风貌却很难反映出当时的场景。通过实地调研发现，这一片区在空间形态与人群流动方面的特征可总结为开发强度低且建筑老旧破败以及人群构成单一且相对不稳定。例如，该阴影区内部建筑层数多为 6 层及以下，相较于周边高层开发容积率低，内部道路为满足日常通勤的居住区级小路。由于紧邻新街口节点片区，该阴影区能较好地为新街口公共设施集聚区提供必要的辅助功能，如后勤配送、餐饮休闲等；此外，其中的居民也由此成为潜在的服务人员，其服务对象覆

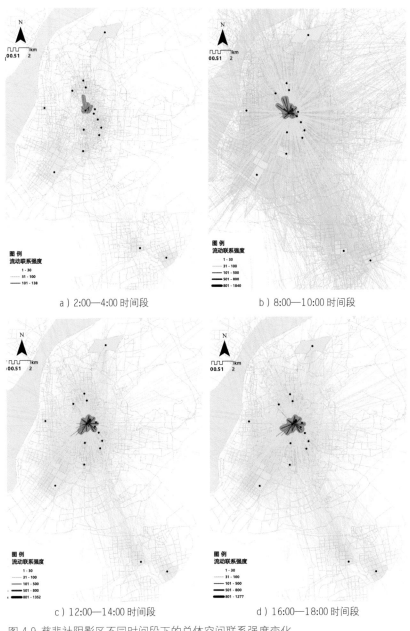

a）2:00—4:00 时间段   b）8:00—10:00 时间段

c）12:00—14:00 时间段   d）16:00—18:00 时间段

图 4.9 慈悲社阴影区不同时间段下的总体空间联系强度变化

盖全城乃至城市周边片区,故而导致人群流动性相对高。同时由于该片区为居住区主导的阴影区类型,本身内部所能提供的就业岗位有限,导致其昼夜人群流动差距较大。

4.3.2 城市阴影区对外空间联系强度的动态变化特征

从人群流动带来的功能互动来看,南京城市阴影区受到多个核心片区的多重辐射影响,且与地理邻近存在直接相关关系,这一规律在南京城市阴影区各片区中属于普遍规律。经过统计,本书发现各阴影片区在各研究时间段与最为邻近核心片区的联系次数占该阴影区的总体空间联系强度比例一般在 80% 以上,这也再次验证了两者之间的强承接与对流关系。

附录 C 中表 C-1 列出了城市阴影区与邻近核心区空间联系强度在不同日期和不同时间段的变化情况,主要特点总结如下:首先,大部分城市阴影区与邻近核心区在工作日的空间联系强度要显著高于休息日,这一规律相对普遍也符合预期。其次,从各时间段的联系强度波动状况来看,波动率排名靠前的几个阴影区片区在空间区位上均与邻近核心片区较近,如建康路阴影区、青石街阴影区、云南北路阴影区、浦口片区阴影区以及百家湖阴影区,其中建康路阴影区的波动率最强,究其原因,这一片区内功能及构成相对最复杂,其中存在夫子庙地铁站点、居住小区、职业中专技校、酒店办公、临街商业等功能片区,带来人群流动在数量与交换次数上的相对高值;相较而言,科宁路阴影区对核心片区的联系强度最弱,其主导功能为工业制造,类型相对单一,且位于中心城区边缘地带,虽同时受东山核心片区与百家湖核心片区双重主导影响,但距两个片区相对距离均较远,故而出现整体联系较弱且波动弱的情形(图 4.10)。

基于上述整体规律,对城市阴影区与邻近核心区片区的空间联系强度进行不同日期与不同时间段下的比较,可以粗略将阴影区划分为以下三种类型:①联系极弱且两个日期差异较小的阴影区类型,这一类型阴影区的特征在于与邻近核心片区联系强度数值基本维持在 200 及以下,且在两个典型日期的夜间低谷段低至 10 以下,同时两个典型日期所对应的时间段联系密度差异也相对较小,如安德门阴影区、升州路阴影区、清凉门阴影区、估衣廊阴影区、科宁路阴影区以及游府西街阴影区;从空间区位上,其与邻近核心片区存在一定的空间距离,基本在 1—2 km 范围内,如升州路阴影区与夫子庙核心片区之间间隔三个街区,距离在 1.8 km 左右。②联系中等且两个日期差异均衡阴影区类型,以颐和路阴影区、五塘广场阴影区、六合片区阴影区以及仙林片区阴影区为代表,这一类型片区在各时间段内与核心片区联系强度数值在 500—1000 上下浮动,且整体对比差异维持在 10—30 之间,波动相对平缓。③联系较强、两个日期差异大且波动大的阴影区类型,这一类型多位于老城内,其内外部人群活动均较为密集,且昼夜之间与核心片区联系强度差异大,如湖南路

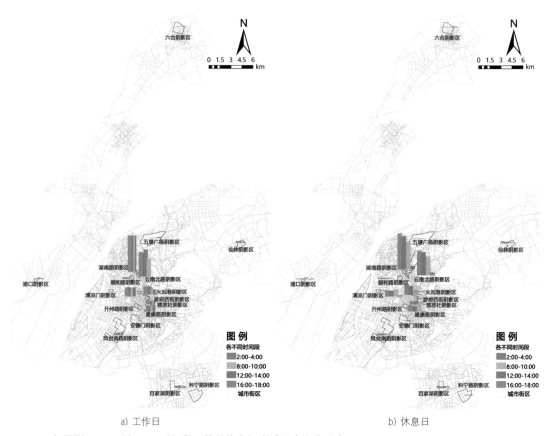

a) 工作日　　　　　　　　　　　　　　　　　b) 休息日

图 4.10 各阴影区不同时间日及时间段下的总体空间联系强度变化分布

阴影区、云南北路阴影区、慈悲社阴影区、青石街阴影区、火瓦巷阴影区、建康路阴影区、凤台南路阴影区、百家湖阴影区以及浦口片区阴影区。

4.3.3 城市阴影区内部平均空间联系强度的动态变化

参照上文有关人群流动联系的测度方法，结合其各自主导职能，对南京市中心城区范围内的 19 个阴影区片区内部的综合功能互动关联指数进行测度。值得一提的是，这里所提及的"内部"既涵盖了各阴影区内部的街区，也包括将其当作相对独立空间单元的两两阴影区之间。

表 4.5 列出了城市阴影区内部平均空间联系强度在不同日期和不同时间段的变化情况。需要说明的是，估衣廊阴影区、五塘广场阴影区、清凉门阴影区、建康路阴影区这四个阴影区内部只存在一个街区，因而无法计算其内部平均空间联系强度。而除上述四个单一街区阴影区片区外，安德门阴影区以及六合片区阴影区在两个典型日期的内部流动联系也几乎为 0。究其原因，前者主要是因为存在较多的在建或者拆迁代建用地，其内部相对封闭，

人群较难进入；而后者处于城市远郊片区，内部以农林用地为主，且处于建设用地与非建设用地的交界地带，故对人群的吸引力较弱。就其他城市阴影区片区而言，其总体在工作日片区内部关联强度更大，表明工作日的通勤人流作用力相对强。就关联强度的不同时刻变化而言，夜间休息段（2:00—4:00）各片区的人流活动最弱，从而带来其关联强度也最低，其中颐和路阴影区与浦口片区阴影区在此时间段强度趋近为0。此外，关联强度的峰值因各阴影区差异而在早间高峰段（8:00—10:00）以及晚间高峰段（16:00—18:00）之间波动，但后者为大多数阴影区片区内部人群关联强度最强时间段，其中仙林片区阴影区、湖南路阴影区以及颐和路阴影区为早间高峰段内部人群流动最为频繁类型。

表 4.5 各城市阴影区在工作日与休息日的不同时间段内部各街区单元的联系强度

阴影区名称	不同日期	夜间低谷段	早间高峰段	午间休憩段	晚间高峰段
湖南路阴影区	工作日	32	317.33	327.33	379
	休息日	29.33	218	215.33	275
云南北路阴影区	工作日	3	24	34.5	18
	休息日	2.5	19	14.5	15
颐和路阴影区	工作日	—	1.79	2.29	3.14
	休息日	—	1.43	1.79	1.64
慈悲社阴影区	工作日	32.5	383.5	430	284.5
	休息日	35	246	188	181
游府西街阴影区	工作日	3.17	16.5	16.83	14.17
	休息日	2.5	10.5	7.67	9.33
火瓦巷阴影区	工作日	5.2	89.8	81.4	86.8
	休息日	5.6	39.8	50.4	51.2
升州路阴影区	工作日	1.71	25.57	33.79	21.36
	休息日	1.43	28.64	29.5	21.14
凤台南路阴影区	工作日	115.64	1073.29	806.43	990.21
	休息日	119.29	799.93	623.21	689.57
百家湖阴影区	工作日	73.2	593.4	509	430.8
	休息日	68.6	336.6	265.4	308.2
科宁路阴影区	工作日	24.27	229.73	211.64	171.36
	休息日	26	135.27	108.91	100.73
仙林片区阴影区	工作日	29.14	589.86	667.43	843
	休息日	22.14	494.57	624.14	801.57
浦口片区阴影区	工作日	—	4	2.67	2.33
	休息日	—	7	2	3.67

对比南京各个城市阴影区的内部平均空间联系强度可以发现，凤台南路阴影区的内部平均空间联系强度最大，在工作日早间高峰时间段内达到 1073.29，且其他时间段这一数值也相对最高，表明其内部联系最为频繁；内部平均空间联系强度较高的片区排序依次为仙林片区阴影区、百家湖阴影区、慈悲社阴影区、湖南路阴影区以及科宁路阴影区；而云南北路阴影区、颐和路阴影区、游府西街阴影区、浦口片区阴影区、火瓦巷阴影区以及升州路阴影区则为内部平均空间联系强度最弱的片区，其中浦口片区阴影区在两个典型日期的大部分时间段内部平均空间联系强度低至 2—4。进而选取关联密度数值相近的阴影区两两进行对比研究以挖掘其深层次差异规律，得到三对类比样本，其中凤台南路阴影区与仙林片区阴影区人群互动强度差异最小，但两者的波动特征截然不同：虽然夜间低谷时间段两个片区的关联密度均处于最低值，但随后前一片区在后面三个典型时间段出现倒 U 型密度分布，不同于后一片区的渐进式增长分布。这一异同规律同样出现于湖南路阴影区与慈悲社阴影区两个片区。相较而言，百家湖阴影区与科宁路阴影区虽然均为工业用地主导型阴影片区，同时也均处于片区级核心片区辐射范围内，但整体而言，前一片区内部人群关联密度相对高，两者的波动规律基本保持一致。

4.3.4 基于内外联系强度的城市阴影区时空复合互动

以此，基于上述南京城市阴影区对内及对邻近核心片区的功能联系基本规律，建构起阴影区体系与核心片区体系的复合功能关联并可视化，分析两者在不同时间段所呈现出的动态网络空间结构变化规律。具体而言，根据各阴影区内部互动关联密度的数值大小及波动规律，以 30 和 100 作为层级的临界阈值，将其划分为强、中、弱三级关联片区，并在此基础上，对处于动态网络结构中的各片区与各核心片区间的关联强度进行统计计算，同时为便于对多个时间段进行横向比较，采用统一的临界阈值进行级别的划分。具体对其采用自然间断法进行类型划分，并利用 ArcGIS 绘制不同时间段城市阴影区与核心片区人群联系的空间结构图（图 4.11）。

从南京各阴影区片区与核心片区的对外关联联系强度来看，整体形成"十字型"空间结构模式，这在一定程度上受各阴影区片区的空间相对位置影响，即南北方向以六合片区阴影区与百家湖阴影区、科宁路阴影区为联系端点，东西方向以浦口片区阴影区与仙林片区阴影区为联系端点。同时，由于主城区对人群辐射吸引的相对优势，整体结构呈现出强烈的向内聚集空间趋势，而这一内聚的强"核心"仍为老城内的湖南路核心片区、新街口核心片区以及夫子庙核心片区。而就各阴影区片的内部能级结构来看，凤台南路阴影区隶属于一级片区，其能级较高的同时也表现出了较强的对外关联水平；相较而言，仙林片

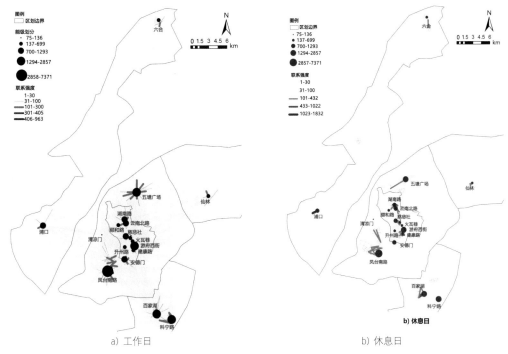

图 4.11 不同能级大小的城市阴影区与核心片区关联强度示意图

区阴影区虽同属一级片区，其对外关联强度却相对弱。二级能级片区中除科宁路阴影区片区外，其余三个片区均表现出较强的对外关联强度，且湖南路阴影区与慈悲社阴影区由于位于老城片区，虽然其能级结构未能达到一级程度，但其空间区位与对外交通可达性均处于优势地位，故而其与核心片区的关联度也较强。而三级能级片区所涵盖的阴影区片区相对多，但除浦口片区阴影区外，均集中于湖南路片区与夫子庙片区；其中升州路阴影区由于内部功能的相对单一性以及建筑性质的传统保护作用，对外关联强度相对弱，而其余五个片区则表现出了较大的网络关联度，对外联系水平较高。最后，在四级能级片区这一层级阴影区中，青石街阴影区与建康路阴影区由于街区个数限制呈现出内部关联弱，但两片区与核心片区的耦合空间相关关系带来对外的高强度联系。

相对外围片区而言，主城区内呈现出的是相对稳固的多重复合强功能关联模式，具体表现为多个阴影区与一个核心片区或者一个阴影区与多个核心片区的强联系组合关系，如慈悲社阴影区、青石街阴影区、游府西街阴影区与新街口核心片区之间的强关联组合，火瓦巷阴影区、建康路阴影区与夫子庙核心片区之间的强关联组合，颐和路阴影区、湖南路阴影区、云南北路阴影区与湖南路核心片区及鼓楼核心片区之间的强关联组合，凤台南路阴影区与河西万达核心区及河西奥体核心区之间的强关联组合。从组合中阴影区与核心区个数来看，这四个强关联组合分别形成三对一、二对一、三对二以及一对二的复合类型，若将这两类片区的空间分布相对关系纳入考虑范畴，则前两种组合即为以核心片区为支点的内聚复合结构，第三种组合为相互交错的三角稳定结构，最后一种为以阴影区片区为支点的外散放射结构。值得一提的是，升州路阴影区受动态网络的影响，与外界联系也处于动态波动状态，具体表现为在休闲游憩时间段主动融合进夫子庙与周边阴影区的强关联组合中，形成三对一的复合类型（图4.12）。

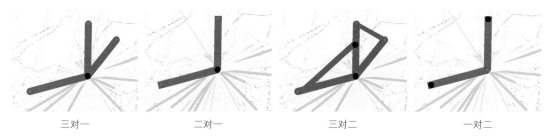

三对一　　　　　　　二对一　　　　　　　三对二　　　　　　一对二

图 4.12 城市阴影区与核心片区强联系组合模式示意图

除上述复合组合外，另一典型组合类型为单一强空间关联模式，即该城市阴影区片区与其邻近核心片区形成密集人群流动的联系，这一联系在两个典型日期中的各个时间段均稳定存在，具体形成百家湖阴影区与百家湖核心片区空间组合、六合片区阴影区与六合核心区空间组合、浦口片区阴影区与浦口核心片区空间组合、仙林片区阴影区与仙林核心片区空间组合以及五塘广场阴影区与小市核心片区空间组合。此外，清凉门阴影区、安德门阴影区、估衣廊阴影区以及科宁路阴影区与中心城区范围内核心片区联系则隶属于相对弱的层级，相互间的联系强度在100以下。

4.4 城市阴影区空间联系距离的动态变化特征

4.4.1 城市阴影区空间联系强度的三圈层距离衰减特征

在城市整体动态网络结构中，城市阴影区中各板块属于其中的网络节点，各个时间片段下人群流入流出量表征其与外围其他节点之间的空间交互强度，对这一强度数值进行分级，并统计各层级中两两节点间的相对空间距离，综合得到城市阴影区与外界进行空间交互时所产生的联系势圈。就某一特定街区而言，人群在流入流出过程中，同时具有向心集聚与向外溢出两种作用力，两者的作用势差导致数值上的差异。在社会网络计算中，这两种相互作用力的具体体现为中心度，其中的度中心度与联系势圈关系最为直接，且多圈层的确定关键在于其空间作用强度也即度中心度临界值的选取。鉴于人群流动的随机性与复杂性，本书将研究视角聚焦于不同空间交互强度辐射范围的平均差异值域，对不同时间段人群流动的数值进行基本数据规律分析，得到 30 与 100 为其中位数邻近值，进而选取这两个数值作为其各势圈的联系强度阈值，划出强联系、中联系以及弱联系三层次联系势圈，并运用 ArcGIS 的连线功能将相应节点进行连接，从而计算出各阴影区在不同势圈中的影响空间范围的一般变化规律及相对均值。

同样地，人群流动带来了城市阴影区对内对外功能联系的动态变化，活化了由"移动"转向"活动"的城市系统特性，进而使得空间交互具有现实意义，具体体现为多种行为、相互作用与经济活动的组合，这也反过来成为城市整体动态网络的建构核心支撑，定义了其基本运行机制。进而将其聚焦到城市阴影区的联系势圈维度，则成为一种跨越时间与空间维度的动态变化，形成从"流动"到"形态"的投影映射。

从总体趋势来看，以某一时间段各城市阴影区各街区与其他街区的联系强度为 x 轴，以对应两两街区的相对距离为 y 轴，建构起两者的数据相对关系，发现联系强度与相对距离的反比趋势规律，也即，联系强度越强的两两街区之间的相对距离越小。进而对工作日与休息日的四个典型时间段展开细化分析，按照选定的两个阈值对其分别进行联系强度的分级。遵从前文相类似的逻辑，由于各行政区划内的城市阴影区在整体区位及设施资源等方面具有一定的相似性，故而本节依旧以区划来对各城市阴影区进行归类及规律探究（表 4.6）。

表 4.6 南京各区划内阴影区在典型时间日的联系势圈影响范围变化

阴影区名称及时段		工作日各势圈影响范围 /m			休息日各势圈影响范围 /m		
		强联系	中联系	弱联系	强联系	中联系	弱联系
老城内阴影区	2:00—4:00	553	761	4714	370	610	3063
	8:00—10:00	648	755	4636	620	752	4183
	12:00—14:00	585	800	4518	553	761	4714
	16:00—18:00	587	887	4714	592	861	4897
主城内老城外阴影区	2:00—4:00	1292	2229	7009	897	1143	5135
	8:00—10:00	1488	2602	8257	1440	2301	6746
	12:00—14:00	1330	2229	7149	1292	2229	7009
	16:00—18:00	1416	2544	7377	1363	2674	7402
外围片区阴影区	2:00—4:00	1770	2437	8186	1399	1225	4156
	8:00—10:00	2606	2513	10041	1946	2475	8067
	12:00—14:00	1793	2506	7747	1770	2437	8186
	16:00—18:00	1913	2856	8375	1801	2464	7992

整体而言，各行政区划内的城市阴影区联系势圈随着其强度的减弱而增大，也即联系强度越高的阴影区街区之间的联系越集中，从而带来的规律性也越强。以工作日当中的早晨人群流动高峰时期（8:00—10:00）为例，老城内三类联系强度所产生的联系势圈分别为648 m、755 m以及4 636 m，而就联系节点个数而言，强联系共135个，中联系共168个，弱联系共2 974个，强、弱、中三种类型联系中联系总数与节点数量的比值分别为374.8、52.0与23.1，这也再次验证强联系对于城市阴影区整体网络的核心作用。这一基本规律在其他区划阴影区的各个时间段均得到验证。同一时间段中，主城内老城外以及外围片区内阴影区强、弱、中三种类型的这一指标数值分别为547.7、54.2、3.3以及430.1、52.6、3.9，其中强联系数值的绝对高值愈加明显。此外，就同一片区阴影区在一天当中的各个时间段的变化而言，其三种强度的联系节点个数对比相对平缓，没有明显的起伏变化，例如老城内阴影区的强联系节点个数在其他三个时刻分别为132个、136个以及138个，中联系节点个数也维持在3 000个左右。

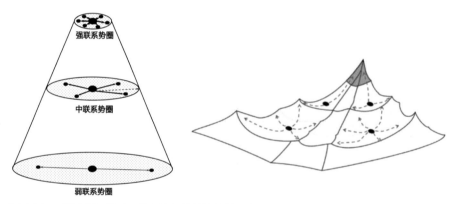

图 4.13 三圈层空间原型及其在城市整体维度的分布示意图

具体针对不同区划内阴影区在三种联系强度的空间距离分布而言，首先，其整体的共性趋势为各阴影区节点的联系势圈整体呈现按照老城—主城区—外围片区逐渐向外扩张，同时联系势圈也随着强、中、弱联系强度变小而逐步变大，但趋同性是其中较为明显的规律，具体表现为同一片区阴影区在不同时间段的同一联系强度所呈现出的势圈范围类似，均在一个相对小的范围内波动，且工作日与休息日对这一空间范围的影响不大，本节将其归纳为城市阴影区联系势圈的网络三圈层动态分布规律（图4.13）。其中老城片区内阴影区在不同时间段中，与其余节点的联系强度处于强联系状态下的联系势圈在550—650 m范围内波动，城区内阴影区的相应联系强度的联系势圈数值在1 300—1 500 m区间，而外围片区阴影区为1 700—1 900 m区间。三个片区在中联系强度状态下的联系势圈区间值相比较大，分别为750—850 m、2 200—2 500 m以及2 400—2 800 m；而弱联系强度所呈现出的联系势圈相对最大，按照同样的空间划分方式分别为 4 500—4 700 m、7 000—8 000 m 以及 8 000—10 000 m。

4.4.2 多联系强度下城市阴影区空间联系距离动态变化

1）强空间联系

各片区内的城市阴影区在三种联系强度下所呈现出的三圈层联系势圈范围大小与行为活动及承担的相应职能存在紧密关联性。就强联系而言，其联系对象以核心区的邻近节点为主，这一类型的空间交互承载的是核心片区溢出的非中心职能，便捷可达性至关重要。综合人群活动与相关公共设施的运营而言，其中的密集活动区一般在人群的可步行距离之内，即为 500 m 左右，同时公共交通也是这一片区的重要交通方式之一，其站点的辐射范围一般在 1 000 m 左右，因此 500—800 m 的圈层空间成为人群空间联系最为密集、强度最大的集聚区，涵盖本节计算得出 550—650 m 的结果。通过实地调研与访谈，老城内阴影区与邻近核心片区的强联系活动类型主要包括辅助后勤配送、外卖餐饮及其他日常生活服务，集聚的人群多为其中的工作人员及周边居民等。这一溢出与承接作用同样存在于主城区及外围片区，但由于其开发建设年代的不同，空间尺度逐步增大从而导致其联系势圈范围相应变大。

2）中空间联系

相较而言，城市阴影区与外围的中空间联系对象相对广泛，所承载的活动类型也较为丰富。就老城内阴影区而言，由于其公共服务设施的密集性加之街区小尺度特征，其中联系的辐射范围仍维持在 800 m 内，联系对象也扩展至核心区及周边功能配套片区，在市场配置驱动下，这一部分阴影区除承载核心区集聚扩散过程中的溢出功能外，其内部的生活服务类设施建筑等也逐步参与到市场竞争中而形成其自身的独特相对优势。而主城区在相关规划与政策引导机制作用下，空间范围进一步扩大，与周边节点在物质交换、信息传输及人群流动等过程中，所承载的配套及疏解作用增强，故而其辐射的空间范围也相对大，之间的交通方式也多元化。这一点在外围片区阴影区表现得更为明显，其面向的联系对象更广，而同时外围片区的公共设施散点集聚也使得其联系势圈扩大。城市阴影区的中联系与强联系一道，共同承载着核心区及周边片区的服务职能。

3）弱空间联系

弱联系这一层级的人群流动交互更趋向于大规模行为，具体表现为联系节点基数虽大但联系的总数却相对小，服务对象超出区划范围，承载的是人群娱乐休闲、日常通勤等活动，其中城市阴影区是以夜眠地和生产制造地两种类型存在的。同时由于城市阴影区发展的相对落后性，其虽以居住用地和工业用地为主，但相较于周边核心区或者其他片区，不论在建筑面积及用地面积这一数量维度，还是在环境品质的质量层面，都处于劣势地位，故而其吸引力较弱，导致空间交互的联系数量小。以百家湖阴影区为例，生产制造是其主要职能，由于周边片区的中心职能主导作用，加之地价、生活成本的相对高昂，故其中的厂区所吸引的职工多来源于外围县市，而非就近就业模式，从而带来了日常通勤联系，但其规模相对较小而使得这一联系相对弱。

4.5 城市阴影区空间联系方向的动态变化特征

空间联系方向作为整体动态网络建构的另一重要基础，在很大程度上影响着各基本空间单元对于人群的吸引力及容纳力。城市阴影区作为实体世界的一种物理空间容器，对包括能量流、信息流、人流等各种流动要素具有一定的限定作用，本书研究则聚焦其对于人群的集聚吸引与辐射扩散能力，也即关联方向指数。对南京城市各阴影区片区的不同日当中各典型时间段的关联方向进行计算排序，得到各空间层面的空间联系方向动态变化特征。

4.5.1 总时间日城市阴影区空间联系方向的动态变化特征

将城市阴影区体系而言，休息日当中整体表现出点入度高于点出度，其关联方向为正值意味着各时间段内流入阴影区的人群相对多，被关注度也相对高；相较而言，工作日中，除 12:00—14:00 时间段外，其余三个时间段的关联方向均为负值，表明其点出度高于点入度，该体系内人群外散趋势相对明显（表 4.7）。进而将两个时间日进行整合计算，所表现出的现象相对明显，具体呈现出早高峰时间段的点出度高于点入度而晚高峰时间段则相反，这与阴影区片区当中人群"朝散晚聚"的基本流动规律一致。

一般情况下，就不同时间段的变化而言，0:00—6:00 为晚间人群流动相对低稳时段，而随后开始产生人群的流动急剧增长趋势，并在 6:00 达到相对高值，直至 18:00 一直处于相对稳定高值区段，表明这一时间段内人群出行及其他外出行为活动处于活跃状态，之后随着时间的推移而稳步减弱。这一基本规律对于城市阴影区体系同样适用，其中早晚高峰时间段，片区整体的关联方向指数趋向于正负高值，究其原因，城市阴影区主要的用地职能为居住、生产制造及相关配套，由此带来工作日的通勤及休息日的消费休闲活动占据其

表 4.7 南京城市阴影区体系的整体关联方向指数变化

		2:00—4:00	8:00—10:00	12:00—14:00	16:00—18:00
总体层面	工作日	−0.0278	−0.009	0.00136	−0.0006
	休息日	0.0604	0.053	0.01865	0.01338
	总体	0.014	−0.029	0.0090	0.0055
主城区片区	工作日	−0.0104	−0.0084	0.0047	−0.0071
	休息日	0.0550	0.0272	0.0299	0.0291
	总体	0.0202	0.0066	0.0155	0.0085
仙林片区	工作日	−0.1685	0.0020	−0.0042	−0.0080
	休息日	0.1703	−0.0147	−0.0137	−0.0063
	总体	−0.0003	−0.0058	−0.0090	−0.0072
东山片区	工作日	−0.0606	−0.0209	0.0012	0.0382
	休息日	0.0677	−0.0848	0.0015	−0.0301
	总体	0.0011	−0.0480	0.0014	0.0071
江宁片区	工作日	−0.0160	−0.0031	−0.0219	−0.0059
	休息日	0.0177	0.0068	0.0016	−0.0041
	总体	0.0009	0.0014	−0.0115	−0.0051

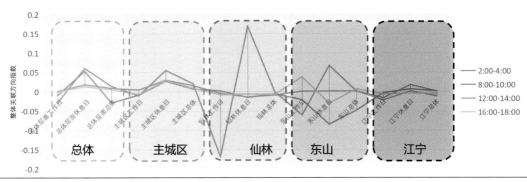

活动类型的主导地位，进而促使其人群波动变化相对趋向于早晚高峰及其邻近时段。此外，两天人群流动差异较大的时间段同样也处于总量较高状态，且工作日人群所涉及的通勤带来的集聚扩散效应更为显著。

进而将城市阴影区各片区放置于其所属的各行政区划环境中，具体对各自进行人群流动联系方向指数的统计分析。结果显示，仙林片区内的城市阴影区斑块整体关联方向波动性最大，其次为东山片区及主城区，而江宁片区内的阴影区板块关联方向波动性在各个时间段表现相近且相对最弱。就具体数值而言，仙林片区内阴影区板块在 2:00—4:00 时间区段表现出绝对数值优势，而其他三个片区内斑块则差距相对小，这与各区划内的阴影区面积呈反比关系，究其原因，仙林片区正处于快速开发建设阶段，其各项基础设施等相对不完备，难以充分满足其中人群的生活工作等需求，从而带来职住通勤、休闲游憩等各项活动的外散；同时也与各自区划的人群流动规律相异，究其原因，主城区的人流网络节点容纳能力最强，而仙林片区最弱，其余两片区情况相似，这也导致其与其他片区所承接到的人群流动量呈现出相反结果。

4.5.2 分时间日城市阴影区空间联系方向的动态变化特征

表 4.8 列出了城市阴影区空间联系方向指数在不同日期和不同时间段的变化情况，按照工作日和休息日的不同，可将其变化特征总结为以下两个方面。

工作日期间，城市阴影区空间联系方向的变化特征整体表现为人群朝聚晚散的潮汐涨落。就工作日而言，在其早间高峰时间段，邻近新街口以及百家湖核心片区的各阴影区片区的被关注度相对较高，表明这些片区对人群的集聚力相对强。其中估衣廊阴影区、游府西街阴影区、青石街阴影区、慈悲社阴影区及云南北路阴影区属于前一种类型，其周边旺盛的第三产业能为其提供较多的服务业类岗位从而吸引外围就业人群；而后者以工业制造类就业需求为主，如百家湖阴影区及科宁路阴影区，两种类型在地理区位上存在一定相似性但具体运作机制上存在差异，相对应地，这两个片区阴影区在同一天的晚间高峰时间段的人群流出量及辐射能力也呈现出相对高值，再次验证人流的潮汐涨落动态特征。与其关联方向指数变化相反的是五塘广场阴影区与清凉门阴影区，由于两者以农林用地或空置用地为主，少量居住用地为辅，故其中的人群流动呈现出朝去晚归的变化特征。

休息日期间，城市阴影区对人群的集聚能力与其距核心设施的距离成反比。各城市阴影区片区在早晚高峰时间段对于人群的吸引及辐射规律相对不明显，但其中青石街阴影区在休息日各个时间段的关联方向指数处于持续相对高值，表明休息日这一片区的被关注度以及对人群的吸引力一直较强。究其原因，它在区位上紧邻新街口核心片区的中心，在商业设施方面与德基广场、大洋百货、新百、中央商场、印象汇、艾尚天地等商业综合体邻近，业态类型丰富；在交通区位方面，它距离新街口地铁出入口仅 300 m 左右，处于人群的可步行范围内。故而，青石街阴影区具有综合性的设施与区位优势，是人群休闲游憩的热门片区。与其相类似的还有凤台南路阴影区，紧邻奥体中心、江苏大剧院、河西中央商场、南京国际博览中心等城市综合性设施，以及奥体东地铁站等条件保障了该片区对于人群的强吸引力。两者类似的规律表明，城市阴影区在休息日对于人群的集聚能力与其距城市核心商业设施或者公益型设施距离成反比，也即相对距离越小则对人群的吸引力越大。

表 4.8 各阴影区片区在两个时间日的典型时间段关联方向指数统计

城市 阴影区名称	工作日关联方向指数				休息日关联方向指数			
	夜间 低谷段	早间 高峰段	午间 休憩段	晚间 高峰段	夜间 低谷段	早间 高峰段	午间 休憩段	晚间 高峰段
湖南路阴影区	0.0047	−0.0078	0.0023	−0.0073	0.0393	−0.0336	−0.0144	−0.0021
云南北路阴影区	0.0467	−0.0315	0.0030	−0.0057	0.0554	−0.0316	−0.0041	−0.0299
颐和路阴影区	−0.0218	0.0019	−0.0045	0.0071	0.2291	0.0000	0.0038	−0.0094
慈悲社阴影区	−0.0022	−0.0396	−0.0068	0.0353	0.0025	−0.0252	0.0095	0.0136
估衣廊阴影区	0.0417	−0.1605	−0.0427	0.0767	0.0182	−0.0453	−0.0822	0.0856
青石街阴影区	0.0167	−0.0935	−0.0141	0.0413	0.2627	0.1914	0.2326	0.2667
游府西街阴影区	0.0155	−0.0992	0.0185	0.0488	0.0125	−0.0372	−0.0174	0.0444
火瓦巷阴影区	0.0072	−0.0267	−0.0036	−0.1107	−0.0062	−0.0168	−0.0087	0.0192
升州路阴影区	−0.1771	0.0049	0.0085	0.0030	−0.0003	−0.0096	0.0036	0.0074
建康路阴影区	0.0095	0.0044	0.1646	−0.2567	−0.0081	−0.0157	−0.0035	−0.0002
安德门阴影区	0.0110	0.0188	−0.0075	−0.0039	−0.0065	−0.0216	−0.0270	−0.0281
五塘广场阴影区	−0.0114	0.0371	0.0070	−0.0366	−0.0063	0.0406	0.0172	−0.0323
清凉门阴影区	−0.0109	0.0500	−0.0215	−0.0229	−0.0450	0.0072	0.2197	0.0027
凤台南路阴影区	0.0002	−0.0072	0.0006	0.0079	0.0717	0.0849	0.0766	0.0836
六合片区阴影区	−0.0084	−0.0045	−0.0295	−0.0018	0.0066	0.0114	0.0033	−0.0038
百家湖阴影区	−0.0141	−0.0226	0.0030	0.0322	0.0111	−0.7810	−0.0122	0.0134
科宁路阴影区	−0.0799	−0.0192	−0.0003	0.0438	0.0940	0.1811	0.0152	−0.0724
仙林片区阴影区	−0.1685	0.0020	−0.0042	−0.0080	0.1703	−0.0147	−0.0137	−0.0063
浦口片区阴影区	−0.0373	−0.0004	−0.0078	−0.0138	0.0516	−0.0018	−0.0014	−0.0049

4.5.3 基于城市阴影区空间联系方向的时空网络交互特征

进而将这一空间关联方向投影到空间上，则表现为多向对外时空交互的网络联系特征，但空间交互所呈现出的各城市阴影区的人流联系量仅能体现出两两节点之间人流交换的多少，难以衡量其整体对外联系的强弱，故将各阴影区片区的点出、入度与实际的联系强度进行整合，便可总结出其不同类型的空间交互模式。参照上文对于联系强度的划分，强联系与中联系所呈现出的规律性较强，弱联系由于数量较多，反映的是随机性行为，由此本节针对强、中两类联系的空间交互模式进行探究，并总结出其中的四种基础联系模式结构，分别为中心放射模式、双向延展模式、星状联系以及散点联系模式。各类型联系的整体结构由这四种模式复合而成，且受流出流入的整体影响相对小，具体如表 4.9 所示。

表 4.9 城市阴影区的空间交互联系模式

模式类型	特征描述	产生机制	典型案例
中心放射模式	以城市阴影区内街区节点为原点，向外辐射形成中心放射的联系模式，这类模式对人群的扩散作用远大于集聚作用，扩散成为其流动联系常态，且以强联系为主导	一方面在于其用地功能构成，这类模式阴影区以空置地或者农林用地为主，对人流的容纳能力有限；另一方面，其区位倾向于城市非核心片区，内外交通可达性相对低	 五塘广场阴影区
双向延展模式	此类模式中的阴影区受外围的作用力不均衡，主要集中于两个方向，从而人群流动也倾向于向这两个维度进行延展，相较而言，其余两个方向的联系与交换则相对弱，两者对比明显	这一模式的主要动因在于城市空间发展不平衡，同时在类似功能聚类的作用下导致该阴影区街区节点与某些方向的节点存在较多的物质交换及人群流动，从而形成往一定方向延展的联系趋势	 凤台南路阴影区

续表

模式类型	特征描述	产生机制	典型案例
星状联系模式	此类模式多存在于老城及外围部分阴影区片区，其与外界的人群联系相对零散，且联系的强度多为中、弱强度，同时节点本身也大多不是对外联系的一级节点	首先其内部空间形态多相对破碎，导致其人群的集聚力相对弱，以驻足型行为活动为主；此外在于外界交流中，其多呈现出相对波动态势，导致联系的不稳定	 慈悲社阴影区
散点联系模式	这一模式属于对外联系强度最弱且联系节点相对等级最低的类型，其内部的相对封闭性导致外界难以融入，同时内部的相对衰败特性也导致其本身人流较少的现状	以科宁路阴影区为例，该片区为整体大环境中相对独立的工业生产制作区域，其内部运转相对封闭，与外界交流相对少；同时由于其工厂规模容量的限制，其内部的人群量相对单一	 科宁路阴影区

注：其中的空间联系连线颜色越暖则表示其联系强度越大

城市阴影区时空演化模式关系与重构规律

上章借助 Python 等语言以及 ArcGIS、Ucinet 等相关平台和软件，对动态网络视角下不同时间段的城市阴影区流动与联系进行量化研究与分析，总结出其在空间联系强度、空间联系距离以及空间联系方向三个维度的具体动态变化特征，并凝练出城市阴影区不同类型空间模式的共性与特性。基于此，本章针对其具体模式进行"解构—重构—建构"的过程，首先是将动态网络视角下城市阴影区按照空间属性、动态波动及网络联系三方面的结构特征解构；进而画出其综合作用下的二元对立与互动统一的整体空间模式模型；最后，对于这一理论模型导控下的城市阴影区内在规律进行总结，就不同规律进行内在机制的针对性探讨，以期加深人群流动所带来城市阴影区的动态网络关联认知。

5.1 城市阴影区时空演化的总体动态变化特征

动态网络视角下城市阴影区的空间模式是对其结构特征的进一步凝练与提升，是与之相关的理论分析与实证研究共同作用在具体时空维度的具象投影。其中，空间基本属性是其模式建构的基础，将第3章南京城市阴影区的基本空间特征与第4章对于空间联系强度、联系距离以及联系方向三个维度的详尽量化研究结合在一起，本节总结出不同发展维度的结构特征规律，这也是其空间模式得以揭示的核心所在。其中，为便于理解，本节将动态网络拆解为动态和网络，由此构成了城市阴影区的空间属性、动态波动与网络联系三方面特征。总体来看，在南京整体城市多中心网络结构建构的过程中，其内部阴影区表现出较强以人群流动主导的动态波动及内外空间交互现象，但在具体三维形态层面，仍延续其空间凹陷状态。这既体现出城市阴影区的本质内涵，也蕴含着其在动态网络结构中时空运动、功能转型从而导致负面效应消解的可能性。

5.1.1 城市阴影区空间属性的时空演化特征

在动态网络结构视角下，南京城市阴影区的空间分布规律呈现出相对的稳态，究其原因，阴影区片区作为空间实体存在于整体结构中，其空间布局、二三维形态等均需要较长时间的各类要素共同作用才能呈现出一定的变化。但在整体分布层面，城市阴影区与城市整体空间结构具有一定的相关耦合性，其总体形态的形成与发展也是受整体结构的辐射演变影响；但它作为一个相对独立的空间单元体系，也有着其自身独特的空间规律属性。在 3.4 章节中，根据城市阴影区本身的空间特征，选取了建设强度、建筑密度、用地功能、建筑职能、路网密度等作为衡量其空间形态布局、功能布局以及内外交通联动三方面的基础指标，同时采用图示抽象方法对其与所处城市大环境的空间关系进行抽象提取，得到各分项的基本分析结论，将其总结成表 5.1。

表 5.1 动态网络视角下城市阴影区空间属性的分项特征

总体类别	分项类别	基础指标类别	特征凝练	特征具体阐释
分布规律	空间形态分布	空间分布	内聚外散、多层嵌套	阴影区多集中于老城内部，尤其是新街口、湖南路及夫子庙片区，具体大致沿着历史轴线展开；而外围片区相对分散，且由内到外形成多重范围的空间交叠
		空间关系	不同作用关系促成多种依附关系	由于各阴影区片区与邻近中心区之间的空间作用关系不同，导致两者间形成卫星式依附、间隙式嵌套以及邻接式伴生三种关系
		形态类型	不同形成与发展路径导致多种本体形态	阴影区片区在形态布局上相对独立，且各自形成与发展路径各异，导致其呈现出零散斑块、组团团状、延展线性以及包围环状四种形态类型
		建设强度	低值拓展与断崖式衰减	阴影区片区整体容积率相对低值，其中，相对浅阴影区集聚于新街口片区，且与外围片区相比，阴影区的建设强度呈现断崖式剧烈衰减特征，同时老城内片区波动相对外围平缓
		建筑密度	中低密度主导，中心集聚且圈层式外散	阴影区片区整体建筑密度以中低类型为主，且低建设强度与中低建筑密度的组合类型居多；同时建筑密度由内及外圈层递减，且高值片区在城市中心位置集聚
	功能布局结构	用地功能	居住和工业用地为主，且用地趋向聚类	阴影区片区以居住和工业用地为主，绿地及广场用地较少；居住主导型多分布于老城，工业主导型多邻近老城外围，其他类型穿插老城内外
		建筑职能	非中心职能占据主导地位	建筑职能构成方面，以日常居住功能与工业制造功能为主，且非中心职能占据绝对主导地位，比例高达 83%

总体类别	分项类别	基础指标类别	特征凝练	特征具体阐释
分布规律	内外交通联动	路网密度	内部城市支路居多且密集	阴影区片区内城市支路长度达超半比例，其次为次干道，快速路长度占比最低
		交通组织	内部交通受阻且不通畅	快速高架路及水系的阻隔割裂作用，导致交通区位的闭塞状态；同时内部支路系统结构布局混乱且路幅小而导致通行效率低

综合上述基础指标的分析结果，对动态网络视角下的城市阴影区分布规律进行特征总结，综合其中较为显著且能切实反映阴影区空间特质的要素，得到以下四项整合特征：

1）依附中心区的持续相对凹陷特征

在其形成与生长过程中，城市阴影区受中心区集聚及溢出效应双重作用，两者之间的空间关系也是一种相对动态变化的过程：阴影区受到辐射力影响，加之自身发展条件的相对劣势，只能依附于邻近城市中心区生长，并产生一定"阴影"效应，以吸纳其中的溢出要素；但同时，随着两者相互影响，其中被"阴影"的片区也有可能随着政策或环境的改变而演化发展成为城市中心区的一部分。就城市整体范围而言，不同片区阴影区由于受不同强度作用力与生长机制影响，其对于中心区的依附关系各异，根据上文研究，具体形成卫星式半依附、间隙式嵌套全依附以及邻接式伴生三种类型。无论是何种依附关系以及何种发展阶段，从三维空间关系来看，阴影区均为相对凹陷片区，这是其生成本质的空间投影，也是其作用结果的空间效应。

2）内聚、外散的深浅阴影衰减特征

整体空间布局方面，南京城市阴影区呈现出内聚外散、多层次嵌套的分布态势：其中内聚一方面体现在大多阴影区集聚于老城内，另一方面也在空间分布上与城市历史文脉高度耦合；外散则表征的是其他阴影区片区以跳跃式的组团散点布局方式散布于城市外围片区。这一空间组合模式是阴影区与周围片区协调、竞合作用下的结果，同时也与其本身对于中心区的依附关系紧密相关。同时，受整体空间不平衡的发展影响，城市阴影区内部公共设施多会在与中心区邻接片区形成不同程度的断崖式衰减，但是其设施分布的差异及用地结构的不同，具体按照衰减程度形成深、浅衰减阴影两种模式。显然，深衰减阴影指的

是中心区与阴影区之间在公共设施分布密度与强度均出现较为强烈的衰减，从而形成明显的落差；而相较而言，浅衰减阴影与邻近中心区之间则形成相对缓和的落差。

3）路网体系失衡的交通弱联动特征

对于大多数城市阴影区而言，其内部的交通通达性、通行效率以及对外的联通程度相对弱，从而部分限制了自身发展。这一相对劣势一方面要归咎于其内部路网体系结构的不均衡，城市支路占据阴影区道路系统主导地位，但这一层级道路多存在断头路、路幅小等缺陷；另一方面，周边快速高架路及自然水系对部分阴影区片区具有一定阻隔割裂作用，进而导致其交通区位相对闭塞。由此，其邻近中心区的相对空间区位优势难以在交通体系方面得到承接，反而内外的相对劣势导致其整体交通呈现弱联动特征。

4）非中心职能导向的低强低密特征

不论在用地功能方面还是在建筑职能构成方面，城市阴影区多承载的是日常居住、工业制造、零售商业等相对中低端的非中心职能，这也是城市中心区在其发展演化的过程中需要对外溢出的部分，以缓解其内部的人口、交通压力。而就阴影区自身而言，其内部的职能类型与构成部分决定了其相应的空间开发模式，从而导致其中大部分片区为相对低矮且零散分布的建筑群，即低强度、低密度的开发建设模式。此外，绿地及广场用地相对少也是阴影区的另一个特质，最终带来其内部的空间品质相对低。

5.1.2 城市阴影区动态波动的时空演化特征

城市阴影区的动态波动是其内部人群流入流出的过程，是时间与空间周期性变化的过程，也是各功能片区"新陈代谢"的过程，对于阴影区与城市其他片区人群流动规律的异同是关键，具体需要探究的是，在这种空间凹陷区域，其所能集聚的人群或流动强度是否也处于相对低值状态，同时其中的人群在内外流通过程中有何种变化？由于人群的瞬时移动性以及行为活动的时空变化性，阴影区与邻近中心区以及其他外围片区存在着实时变化的流动与联系，在前文4.3章节中为量化这种关联关系，结合数据特点具体选取流入量、流出量、波动率、昼夜差异比以及典型时间段的流动密度等作为分析指标。结合差异对比法以及归纳总结法，得到城市阴影区动态波动的具体分项特征，具体结果详见表5.2。

综合上述基础指标的分析结果，对动态网络视角下的城市阴影区动态波动进行特征总结，对其中各片区之间、与外围片区之间的共性与特性进行凝练，整理得到以下四项规律：

表 5.2 动态网络视角下城市阴影区动态波动的分项特征

总体类别	分项类别	特征凝练	特征具体阐释
动态波动	总体空间联系强度	总体昼夜反差相对显著	中心城区内阴影区一天中人群联系强度数值呈现 M 型波动态势，其中昼夜流动状态差异悬殊
		主城区人群流动量最大	主城区内人群流动总量远超出其它片区，占据主导地位，集聚扩散效应明显
		工作日人群通勤流动性更强	工作日相较于休息日人群流动显著，其中通勤活动对于人群流动的促进作用相对大
		人群波动反比于发展水平	在其它行政区划中，整体开发建设水平与人群流动带来的波动频率成反比
		本体人群波动的四种类型	按照波动率与昼夜比的高低差异可划分为四种类型，分别为波动率与昼夜比均低、波动率低且昼夜比高、波动率高且昼夜比低以及波动率与昼夜比均高
	分时间段联系强度	各片区人群流动与联系半失衡时空分布	对比四个典型时间段，仙林片区阴影区在其中的人群流入流出差异最大，其次为江北片区，而主城区与东山片区由于公共服务设施及开发建设相对完备，其人群流动波动相对均衡
		相对协同一致的波动变化	城市阴影区内部人群流入流出量的波动变化与其所处片区的时空变化呈现相对统一的步伐
		工作日外散程度更高	工作日中，城市阴影区内部的人群流出流入差值在各个时间段相对休息日高，表明其外散的程度更强

1）倦鸟归巢的昼夜聚散特征

相较而言，城市阴影区内部的公共服务设施条件相对差，所能提供的就业岗位较少，内部环境品质相对差，故而其中的人群多为日常外出工作通勤模式。这也带来阴影区片区内部人群密度在白天相对较小而夜晚相对集聚的动态波动规律，在昼夜之间形成相对大的分布反差。同时，工作日中的通勤活动较大促进人群的流入流出，相对周日的休闲娱乐活动导向，对于人群的时空波动影响相对大。

2）片区失衡的协同变化特征

就南京城市而言，其内部各行政区划在经济发展水平、开发建设程度、基础设施配套等方面由于城市整体空间发展的不平衡而呈现出非均质分布的特点。而中心区作为各片区内部发展重心，受这一非均质影响最大，故而呈现出等级化的中心体系布局。这一布局模式也相应地带来各片区对于人群集聚辐射的能力差异，进而各片区在人群流动量方面也存在时空失衡现象。但就各片区阴影区而言，由于受各中心区直接作用，其人群的流动联系在总体上与其所处片区保持相对协同一致变化的特点。这也可作为两者相对稳固空间关系的动态基础。

3）通勤主导的四类波动特征

各城市阴影区片区由于空间规模、功能结构及配比差异，其所能承载的人群量各异，且其中的就业人口也各不相同。而通勤活动相对主导的人群时空流动机制下，各阴影区片区内人群流动在具体波动率及昼夜差异两方面均存在一定差异。进而综合这两个因素，将其划分为双低、一低一高、一高一低以及双高四种类型，它们在时空波动过程中，所产生的具体效应也不同。

4）中心导向的流动洼地特征

传统意义上，从空间形态维度来看，城市阴影区为相对凹陷片区，这也在一定程度上导致其位于动态网络结构中的相对劣势。一方面，阴影区存在较为强烈的中心区依附关系，既需要发挥其承接作用，又需要借力生长，这也表明其中心导向的基本规律；另一方面在人群流动方面，由于其发展条件一般，从而导致对于人群的集聚能力相对差，在时空流动演替过程中，发展成为相对动态的流动洼地，这将在一定程度上加剧所产生的负面时空效应。

5.1.3 城市阴影区网络联系的时空演化特征

上节揭示的是城市阴影区在整体层面的集聚与个体层面的碎化过程，具体指向的是人群流动所带来的内外动态波动现象。而流动带来联系，联系导向网络。城市阴影区的时空分异性及网络联系之间的相关关联性反映的是其对内对外通勤、休闲等各项行为活动综合作用的结果，这也是上文 4.4 章节研究的重点。就联系强度、联系方向、联系模式等各类基础指标的时空演变特征进行详尽的分析，并总结出其对内、与邻近中心区、与外围整体片区的功能互动与关联特征，具体结果详见表 5.3。

基于上述就阴影区内外网络联系的分项指标分析结果，凝练出以下四项整合特征：

1）联系势圈的三阶突变特征

在城市阴影区的对外流动联系过程中，其与外围空间单元之间的作用强度呈现随着相对距离的增大而递减的总体趋势。这种递减变化存在阶梯性，具体包含三个稳定的辐射圈

表5.3 动态网络视角下城市阴影区网络联系的分项特征

总体类别	分项特征	基础指标类别	特征凝练	特征具体阐释
互动关联	三圈层联系势圈原型特征	空间联系距离	联系势圈向外扩张	阴影区对外人群联系辐射范围按照老城—主城区—外围片区逐渐向外扩张
			联系强度与势圈成反比	各片区内阴影区的对外联系强度按照强、中、弱分类变小但联系势圈却逐渐变大
			—	针对城市阴影区的对外强联系类型而言，其对象多为邻近中心区，两者间的相对距离为550—650 m
			—	城市阴影区与外围中的联系对象相对广泛，承载多样类型的时空活动
			—	城市阴影区对外弱联系的对象数量基数大但联系总量低，同时涵盖范围大，承载娱乐休闲、日常通勤等活动
	空间交互的四类特征	空间联系距离	跳板带动	中心城区内人群流动跳板片区与阴影区之间呈现相对高强联系带动关系
			稳固区激发	中心城区内人流相对稳固片区是阴影区活力的激发点
			—	城市中心—边缘格局在很大程度上影响了城市阴影区片区在网络结构中的地位
			四类空间交互模式	城市阴影区在与外界进行空间交互与联系的过程中呈现出中心放射、双向延展、星状联系与散点联系四种组织模式类型
	三阶关联方向的阴影区网络体系特征	空间联系方向	工作日朝聚晚散	就关联方向而言，新街口与百家湖两个片区内的城市阴影区在早晚高峰时间段关联指数较高，呈现出朝聚晚散的潮汐涨落特征
			休息日集聚与距离成反比	休息日各阴影区对人群的集聚能力与其距核心设施距离成反比
			三阶阴影区网络体系	不同片区阴影区在整体动态网络结构中建构出核心、关联及边缘三类阴影区网络体系
功能复合	工作日主导的倒U型消极关联特征	空间联系强度	内部联系整体相对消极	就城市阴影区内部联系而言，各阴影区片区相对消极，其中凤台南路阴影区内部关联最强，相较而言，浦口片区阴影区关联密度最弱；同时，百家湖片区阴影区内部人群流动较为频繁
			工作日主导	整体来看，阴影区在工作日的内部联系强度远高于休息日
			一日内倒U型强度变化	阴影区在各时间日内的人群内部联系变化基本呈现倒U型分布

总体类别	分项特征	基础指标类别	特征凝练	特征具体阐释
功能复合	多重辐射体系下的三类波动特征	空间联系强度与方向	多重被辐射	南京城市阴影区虽呈现出受多个核心片区的多重辐射影响，但联系最强的仍为邻近核心片区
			联系与波动正相关	人群联系越强的城市阴影区，其波动变化也趋向于越强
			强度与波动的三类型划分	综合联系强度与典型日期差异可将其细分为综合联系弱但相对差异大、综合联系中等且相对差异均衡、综合联系强且相对差异大三类
	十字结构导向的两类分区关联模式特征		整体十字型功能关联结构	城市阴影区的复合功能关联结构整体呈现"十字型"
			主城区多重复合关联	主城区内阴影区与核心片区形成相对稳固的多重复合强功能关联模式
			外围单一强关联	外围片区以单一强空间关联模式为主

层，按照联系强度的数值大小划分为核心网络联系圈层、关联网络联系圈层以及边缘网络联系圈层，各个圈层成为一阶，在其空间范围内，阴影区对外的人群交互强度维持在一个相对恒定数值，且这一数值随着阶层的外扩而递减。同时，两两阶层之间的交互强度存在一个突变的临界值，故而形成天然的层级划分特点，这也是阴影区对外辐射作用的具体空间投影。

2）十字建构的多重辐射特征

从南京中心城区内阴影区的总体对外流动联系的空间布局来看，呈现出十字关系，分别在南北及东西方向相对集聚。这一作用格局也与城市本身的空间结构、中心体系分布直接相关。在此格局影响下，阴影区片区处于整体流动联系的时空环境中，故而带来包括邻近中心区在内的多空间片区对其的多重辐射作用，形成多样化作用类型与强度特点。

3）强弱关联的四类交互特征

在中心城区人群流动跳板区与稳固区的双重带动下，城市阴影区各片区与其邻近的中心区在空间交互与联系过程中，因相对区位、辐射强度等方面差异而形成中心外散、双向延展、星状联系及散点联系四种网络关联组织模式。而这四种模式也同时兼具相对恒定性与动态性，前一特性是基于两种类型片区的较长时间相互作用形成了固态的空间关系，而后者主要是基于整体动态网络环境的带动作用，具体呈现出实时波动变化特性。

4）位势差异的动态消隐特征

若单独将城市阴影区作为一个空间单元体系，其内部功能构成相对单一，但将其放置于城市动态网络结构中，它与邻近中心区的强关联促成两者的相对复合，也带来功能的溢出与承接作用。在这一作用机制影响下，两者作为功能复合的"联合体"，相互间的流动联系愈加频繁，这也加剧了阴影区内部的人群集聚扩散程度，从而也带来了空间效应的波动变化，具体表现为内外空间的位势差异。从另一个角度来看，城市阴影区对外围空间交互的过程，也是缩小其与外围空间单元之间势能差距的过程，更是两者信息交换、能量传递、技术交流等一系列的集合过程。人群也是阴影区与其他片区势能差异的作用主体，其行为活动导向的各类型流动一方面是对相对优势势能的放大，例如多类型、长时间的人群集聚也可在一定程度上凸显城市阴影区的区位势能的相对优势；另一方面，对于之间的经济势能、公共服务能力势能、社会发展势能等相对弱势势能类型，人群在其流动过程中，承载部分优势资源，从而减弱这些方面的相对劣势。在各项势能位势差异的综合作用下，城市阴影区的动态网络联系也能在一定程度上消隐其自身的部分负面效应。

5.2 城市阴影区时空演化的对立统一模式关系

上述所揭示的这 12 条结构特征虽然是针对南京城市的实证研究结论，但也具有一定的代表性与普适性。究其原因，虽然各城市中阴影区片区的发展路径形态各异，但其在整体空间结构中的形成机制以及生长影响因素类似，而导致其所产生的空间效应及特征是这些机制的外在表征，所以最终呈现出的阴影区结构特征均具有一定的类比性。总之，人群流动与联系对于动态网络结构中的城市阴影区时空演变具有重要影响，多数情况下，这些影响具有类似的空间指向，而在时间的推演下而产生相类似的时空效果。此外，这些影响对城市阴影区分布规律、动态波动及网络联系三方面的具体作用是一个相对漫长的过程，所产生的效果具有阶段性和局部性双重特点。

通过上文对动态网络视角下的城市阴影区内在规律的归纳与总结，可以看出，各阴影区片区在相关核心片区的吸引与溢出效应作用下，会形成不同的空间形态组织方式、人群流动联系构成、网络时空关联路径等，它们在这些方面有着一定的共性，也存在某些方面较为显著的差异，形成了代表不同发展类型的时空特征及结构模式，故而凝练出其中的共性与差异是本书研究的关键所在。那么，城市阴影区的发展状态及阶段与这些时空模式存在哪些关联性，同时这些模式之间存在何种异同？本节从城市阴影区的动态网络本质特性出发，探寻其内部空间模式的组织构成关系。

需要指出的是，本书所指的空间模式首先不是对其空间特征的简化，而是运用科学的语言对城市阴影区外在表征及内在关联的一种认知与研究方法。动态网络视角下的城市阴影区的空间模式本质上具有开放动态性以及不确定性，它虽然只是城市整体结构的一部分，但与城市中心等其他各类空间要素密切相关，也同城市复杂的系统相似，可用简要的语言及清晰的结构加以描述。这一空间模式与传统的城市要素原型的差异在于，它是在静态等级的基础上，对其动态流动要素的秩序结构和组织方式的具体描述和拓扑，其本身具有动态性，且所处的城市大环境也处于动态变化中。故而，本书所研究城市阴影区的空间模式本质上是对整体动态网络中的动态变化过程的总结与凝练。

实际上，动态网络视角下城市阴影区的空间模式是一个复杂且客观存在的系统，很难用单一简要的标准术语加以描述，它既包含了相对恒定的作为基准的空间形态系统，也涵盖了反映城市日常"新陈代谢"或动态变化的人流时空波动系统；既涉及能衍射城市运行内在规律的隐性功能承接系统，也蕴含直接体现民生诉求的人群行为活动互动系统；既指向实际支撑阴影区各项职能体系运转的内外交通系统，也直面关联关系层面相对隐匿的人群网络联系系统部分——它是支撑动态网络运转的关键。这三类二元对立却互动统一的系统维度，分别对应着城市阴影区空间模式组织的三个层面：①稳静与流动两个维度表征的是物质层面，前者是这一层面中相对稳定的基准载体，后者则给其增加了一定的流动要素，从而带来弹性限定；②隐性和显性两个维度指向的是城市感知层面，分别是客观但不可见、支撑阴影区内在功能的有序运营以及主观对客体具体感受的实际认知；③实体和虚拟两个维度导向的是城市联系层面，是由物质层面的虚实性质决定的，也分别是阴影区线性关系要素外在表象及实际使用的具体体现（图5.1）。综上，城市阴影区的空间模式具有多元复合、动态关联、弹性限定以及关系传导特性。

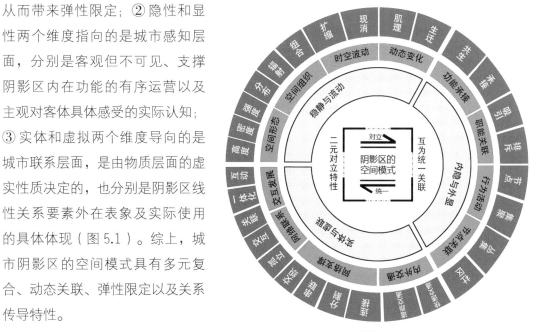

图 5.1 动态网络视角下城市阴影区空间模式的二元对立关系建构

5.2.1 空间形态与时空波动稳静与流动的对立统一

城市阴影区空间模式组织中必然存在变动与不变动两者之间的"博弈"，也即"变"与"不变"的空间模式特征。在这两种看似"对立面"所呈现出的研究结果基础上，本书认为，城市阴影区在动态网络结构中，虽然人群流动对其内部的动态性及与外界的联系性产生较大影响，但若将其作为一个相对独立的空间单元一分为二地看待，其中既存在相对稳固的稳静模式，也涉及随时空演变的变动模式，可将其凝练为动态网络视角下城市阴影区的"稳静"与"流动"模式（图 5.2）。具体而言，城市阴影区的"稳静"指的是其固有属性，也即不受包括人群流动在内的各类动态要素影响、相对恒定不变的空间发展模式；而相反的，"流动"则是受流动联系机制影响作用而发生一定改变的空间模式，是其随着整体动态网络结构的演变而做出相应调整的属性。

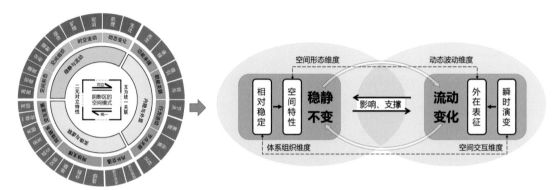

图 5.2 动态网络视角下城市阴影区的稳静与流动模式关系

1）稳静的空间形态系统组织模式特征

空间形态模式特征指向的是阴影区与包括城市中心体系等在内的其他空间单元体系之间的相对区位关系以及二维或三维层面的形态组合关系。从阴影区的空间形态本质内核及固有属性来看，在城市整体动态网络结构的作用机制下，受各中心区集聚效应与扩散效应的正负影响，在空间上表现出相对的形态凹陷、与中心区在空间区位邻近、各片区内的断续分布态势、与城市空间结构的耦合嵌套关系等；在三维形态上最直观表现在于高密度与强度连绵片区周边间断散布着一些高度、密度及强度相对低的弱集聚板块，且由于这类板块多位于总体空间区位相对优势片区，其地价与外界可达性相对高，故而一般而言其空间规模也相对小。

同时，基于南京城市案例的相关研究与拓展，老城和外围片区内阴影区板块与中心区之间的相对空间组合关系各不相同，所产生的空间效果也各异。按照两者的组合辐射关系可以划分为单一关联辐射形态、双重辐射组合形态以及多向多重包络形态三种类型（图 5.3），阴影区在其中的位置及对中心区的承接作用具有一定差异。值得一提的是，相较于传统静态等级视角下的空间形态组织而言，本书研究环境下城市阴影区是一个相对开放、外向的关联空间要素，这不仅体现在其内部空间本体发展的多种可能性，还体现在其对外流动联系的主观性，最终带来与中心区空间关系的开放灵活性。此外，在实际的城市发展状况下，从阴影区与中心区的空间形态关联维度来看，两者之间形成一种复杂的、互动的作用过程，并组合成为一种空间链接模块。两者间的关联组织，进一步可以看作城市正负空间的相互嵌套，也增加了传统空间研究的内涵，而两者之间也存在相互依存、补充的关系，虽然这一关系的发展态势在不同片区以及不同情境下有所差异，但可通过一定的相互调节得到改善。

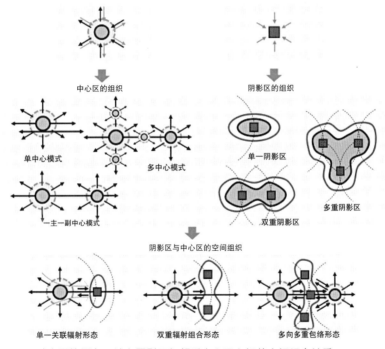

图 5.3 动态网络视角下城市阴影区与邻近中心区之间的空间组合关系

以下三种空间组合关系可以看作同一个城市内的不同片区在不同发展阶段的产物，也可以看作不同空间等级的划分与发展结果，或是不同相互作用模式的代表，但不论是何种角度的解释，这两者所呈现出的组织模式特征均为一段时间内相对恒定的状态，若要改变这一模式，则需要时间及各方力量的共同支撑。

阴影区的单一关联辐射形态：在这一组合形态中，城市阴影区围绕其空间邻近且集聚辐射作用较强的中心区形成一对一的关联模式，具体呈现出相对单一的线性连接结构。通常来说，这一形态多出现于城市外围片区，主要是受片区发展水平及交通可达性影响，片区内中心区等级相对低，核心辐射范围相对小，且一般属于片区级服务类型。在此情境下，该类中心的集聚作用相对强，故而导致阴影区与其相对邻近，且多受历史文化、开放空间等因素主导。

阴影区的双重辐射组合形态：此情境下，该类阴影区处于两个中心区共同的相对核心辐射范围内，从而在受到外界形态组织的双重吸引力作用，同时还兼具自身形态组织的凝聚力影响。在其合力作用下，呈现出线性延展式生长结构，而承载这一结构的多为城市主要交通道路骨架。同时，阴影区的对外作用变化过程中，其生长方向也可以发生一定的转变，但均朝向的是相对作用力较强的一方，实现轴线化的阶段式发展。

阴影区的多向多重包络形态：此情景较前两种复杂，在一定程度上也可以说是将单一关联与双重辐射两种形态进行重组、整合的变形结果，具体指向的是空间单元数量与种类相对多且相互间的作用关系多样化。一般而言，这类形态多出现于开发建设年代相对久远以及各类情况相对复杂的片区，其内部阴影区及中心区之间的相互作用关系呈现多方向、多层次、多类型的多向多重包络特点。

2）流动的人流时空波动组织模式特征

空间形态系统是人流时空波动系统的基本空间载体，两者是城市阴影区在物质层面"动—静"对立关系的时空投影，之间存在着互为关联的有机内在联系。具体而言，人流时空波动系统在时间意义上主要是针对城市阴影区内各类人群随着时间变化所呈现出的流入流出量变化，在空间意义上是形成了人群在流动过程中的承接与转移空间载体，在时空构型意义上是形成了对接城市整体空间层面的时空架构，它从根本上表征的是动态网络视角下城市阴影区的内外时空渗透方式。基于此，对这一组织模式的探讨，需要以空间形态系统为"底"，其自身为"图"，进行两者在不同时间与空间尺度下的"时空图底"关系的整合。在本书研究看来，此类关系的整合需要强调两点：一是基于城市阴影区本质概念的相对性，故而对其时空波动关系的研究需要将两者作为一个相互关联的"有机体"看待，即既需要研究两者之间作用关系的变化，同时也要考虑关系影响下阴影区本体所产生时空效应的波动；二是人群流动具有瞬时性与变化性，导致它对于所带来的两者之间的时空关系具有不稳定性，故对于其模式的研究需要抓住其中关键变化的特性，即波动影响最大的时间段所呈现的特征，基于上文研究，选取早间高峰、晚间高峰、夜眠休憩以及休闲娱乐四个时间段作为人流时空波动系统的具体研究切片。

前文研究将城市中心区与阴影区的作用关系划定为集聚与扩散，在时空演替过程中，可能出现集聚主导、扩散主导以及相对平衡三类相对关系；而就阴影区本身在时空波动过程中，其效应空间范围可能表现出有无、大小及位置的变化，具体对应的空间关系为出现与消失、扩张与收缩以及生长与迁移三种组合（图5.4）。进而，将两种维度的具体关系放置于典型时间段的实践分析中，则可以得到早间高峰段集聚主导的迁移、晚间高峰扩散主导的生长、夜眠休憩平衡主导的消现以及休闲娱乐半集聚主导的扩缩四种结果。

出现与消失：具体是在时空尺度下，城市阴影区内部的人群及其行为活动的波动带来了活力的变化，随之产生的阴影效应也呈现出变弱或加强的态势。这一变化对于以日常居住功能为主的阴影区片区而言更为明显。但值得一提的是，这一变化类型是一个相对概念，片区所产生的阴影区效应无法完全实现从有到无，只是一个变化趋势。

扩张与收缩：与上一变化类型类似，具体指的是阴影区内部人群及其行为活动的空间范围的放大或者缩小，对应着具体效应的集聚与分散。

生长与迁移：在图示中表现为阴影区所产生的效应范围向某一方向扩张或者移动，而人群流向或者行为活动运动也发生相应的变化。

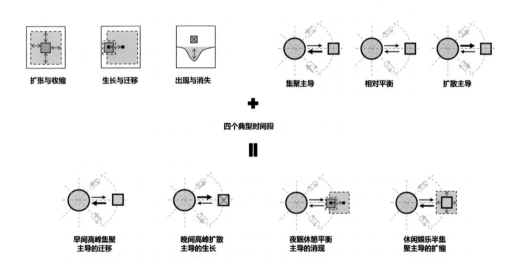

图 5.4 各典型时间段的城市阴影区动态波动关系组织模式图
注：⬤ 为城市中心区，▨ 为城市阴影区，⇄ 为两者间相互作用关系

早间高峰集聚主导的迁移：在早间上班高峰时间段，大量人群由夜眠地向其工作地集聚，实现职住的向内通勤活动。而就城市阴影区片区而言，其中的就业岗位难以满足内需，但邻近中心区则需要大量的就业人群，故而在这一时间段，阴影区内部的部分就业人群涌入中心区或者其他片区。在这一运动支撑下，阴影区内部人群相对减少，部分空心化特性开始显现，其阴影效应相对前一夜眠休憩时间段增大，具体表现为"迁移"特征，其迁移

的具体方向与人群通勤的方向一致。

晚间高峰扩散主导的生长：与早间上班高峰时间段相反，晚间高峰时间段城市中心区内大量就业人群返家，此时其扩散效应占据主导地位，而就城市阴影区而言，呈现的却是相关居住人群的涌入，故而表现为阴影效应的"生长"，也即在人群归巢的同时阴影区本身相对规模也实现同步的增长。

夜眠休憩平衡主导的消现：在夜眠休憩时间段，人群的移动与活动相对不频繁，城市中心区对于阴影区的集聚辐射能力也相对弱，带来两者之间的空间交互处于一天中的低谷状态。相对于其他时间段阴影区呈现出的规模快速变化或者效应加速增强/减弱，这一时间段，阴影区状态处于变化过后的相对稳定，具体的是空间规模的相对稳定及其中集聚扩散人群的相对恒定。

休闲娱乐半集聚主导的扩缩：这一时间段内，城市阴影区由于整体活力相对低，其内部人群活动强度处于中等水平，内部人群密度相对减少。究其原因，一般而言，阴影区内部由于绿化、广场等用地比例偏低，其内部环境品质相对外围片区往往不高，故而人群在其中的休闲娱乐活动相对少，同时这一时间段为白天人群移动相对频繁的时间段，两种因素的叠加导致其处于动态的扩缩运动中。

5.2.2 功能承接与行为活动内隐与外显的对立统一

城市阴影区空间模式的隐性与显性具体体现在其功能机制的内在运行以及由此引发行为活动的外在流动，前者是动力，后者是表象，两者形成相互耦合关联、交叉互促的看似对立、实质统一的关系（图5.5）。若将人群行为活动的显性模式看作人本主义下其对于城市阴影区空间的真实使用状态以及诉求的真实体现，则功能承接的隐性特性则是民生角度自下而上对于阴影区片区内各项职能的安排架构。尤其对阴影区这一相对特殊的空间类型，这两种模式对于其活力的提升具有重大意义和价值。

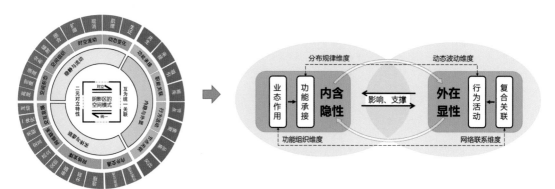

图 5.5 动态网络视角下城市阴影区的内隐与外显模式关系

1）内隐的功能承接系统组织模式特征

在整体城市结构中，阴影区因与中心区的邻近关系而带来了互动关联，并演化成一个受多种要素影响且与各类空间单元相互作用的功能叠加片区。在城市的集聚扩散以及动态网络演变的过程中，两者之间的关系也相应发生演化，城市阴影区表现出多样化职能的可能性，同时也面临着更多发展机遇与挑战。但相对恒定的是，城市阴影区对邻近中心区的功能承接作用。一方面，多数情况下，它对中心区往往具有一定程度的依赖性，即其内部的职能构成及组织受中心区非中心职能溢出影响较大，并最终表现为相对低端且种类趋向单一的职能体系；另一方面，其内部交通可达性、公共设施配套等方面的相对弱势，导致其发展的恶性循环，从而加大与中心区之间的差距，这种状况也对其功能发展以及职能建构具有一定的制约性。上述现象在南京城市各阴影区片区，尤其是老城内各片区中表现相对明显。

由于城市阴影区连通其邻近节点所处的区位各不相同，在空间辐射效应的影响下，形成了不同的辅助圈层，各个圈层的空间尺度、空间结构、功能体系及发展侧重点均有所不同，营造出特定的片区发展氛围。在城市中心城区内部，鉴于节点内的居住成本过高，但工作集聚程度高，在职住通勤平衡机制的驱动作用下，阴影区片区所构建的圈层空间往往是其中部分就业人群的聚居区。在此基础上，城市空间进一步发展，社会、人文、地缘等氛围逐渐浓厚，相应的特色公共服务设施、场所空间等也逐步成型。而处于城市外围片区的辅助圈层仍承载着部分居住功能，同时生产制造也是其中的重要发展导向，进而融合为产业集群的功能辅助区。

根据前文研究，就城市阴影区内部的功能构成而言，按照其职能类型及相应占比可以大致划分为日常居住主导类、工业制造导向类、空置地导向类以及多类型混合类四种，各种类型在城市整体空间上的布局不同。进而，结合其与中心区的相互作用关系，可建构出城市阴影区的功能承接系统。由于不同功能片区对周边相同或者不同的功能片区具有一定的影响性和相互联系性，其中前者主要体现在具体业态在聚类等作用下的类型选择及其所带来的人群数量、类型、行为活动等方面，而相互间的联系性受片区的基本空间特征以及功能组织的自身规律性影响，并形成伴生全方位承接关系、共生部分承接关系、弱相关弱承接关系以及无关零承接关系。同时，这一承接作用也在很大程度上受两者之间的相对空间关系影响，阴影区内部的功能片区的空间分布则是另一个影响因素。按照不同阴影区功能主导类型及其与邻近中心区之间的相互作用关系，得到两者之间的综合承接关系，可将其具体划分为日常居住主导的伴生全方位承接关系、工业制造主导的弱关联弱承接关系以及空置地主导的无关零承接关系三种类型（图5.6）。

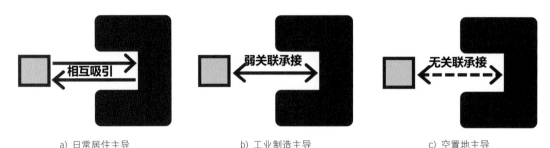

a) 日常居住主导   b) 工业制造主导   c) 空置地主导

图 5.6 动态网络视角下城市阴影区的功能承接关系

日常居住主导的伴生全方位承接关系：通常来说，日常居住导向的城市阴影区多为早期低密度开发的住宅小区类型，内部夹杂着中低端餐饮、酒店、理发、超市等生活服务类业态，其服务对象以邻近中心区从业者或者附近居民为主，对于外来人员的消费吸引力相对低。同时，反过来看，这类型阴影区内部很难存有能服务于本体的大型公共服务设施，事实上，其整体的公共服务设施相对少，从而导致其对邻近中心区的公共服务职能依赖性很高。在中心区的双重集聚效应带动作用下，这类阴影区对其兼具承接与依赖性，故而呈现出伴生关系，而从功能组织来看，基本实现对邻近中心区在日常生活服务方面的全方位承接关系。由此，这一关系也会在相互间的空间关系中得到体现，此情境下，城市阴影区充当的是中心区的"背后界面"片区，在空间上既高度相关同时其被包含性也较强。

工业制造主导的弱关联弱承接关系：从工业制造职能的形成动因及具体类型来看，一般包含两种：一种为历史遗留下的老工业生产制造基地，第二类为因片区经济发展需要而规划出的产业制造园区。而就两者演化成阴影区的一般原因而言，前者多由于其内部设备及工序等老旧而难以满足现代化生产需求，而后者则是交通、资金生产链、市场运营等多种因素综合作用下的结果，但其共同因素在于本身区位等相对优势条件带来的更新改造困难性高，从而很难实现"复兴"。通常而言，由于这一类型片区为一个自给自足的相对独立的空间单元，故而与邻近中心区的关联度相对低，除其内部工作人员的部分日常通勤行为活动外，其他类型的流动联系相对少，故而带来其对于中心区的弱承接关系，同时在空间关系上体现为若即若离的半邻接关系。

空置地主导的无关零承接关系：这一类型阴影区多为待开发建设的荒地或者农林用地，前一类型指向的是城市片区某一个发展阶段中所"忽略"的片区，而后者则多为城市相对外围片区的生态用地或者尚未纳入规划建设考虑范围内的用地。两者的共同特点在于由于内部的"零功能"状态而带来整体极弱的对外吸引力或者受外界的辐射力，从而与邻近中心区或者外围片区处于基本无交流状态，两者间的空间关系也相对分离，功能组织上基本零联系，从而带来其对中心区的零承接功能关系。

2）外显的行为活动互动组织模式特征

在城市阴影区与邻近中心区之间的内在功能承接联系支撑下，两者间的人群行为活动得以实现，同时这一联系关系也对阴影区内部具体活动的时空分布状态、行为类型及各类行为活动之间的组织形式产生较大影响。这也进一步影响了两者之间相关场所的具体塑造，并反过来作用于内部功能组织及物质空间形态。其中，以人群为主体的行为活动所呈现出的时空集聚或分散组织关系是讨论其具体空间模式的关键所在。由功能承接及行为活动两种内隐与外显特性作用而构建起时空关联空间模式的具体过程如图 5.7 所示，大致包含了在城市阴影区与中心区之间的静态空间分布基础上，相互间的空间交互加剧了功能关联关系的形成，而反过来这关系也是两者间的动、静空间关联的内在运行机制之一；同时，行为活动建构起阴影区的各功能体系与其他空间体系之间的新复合关系。

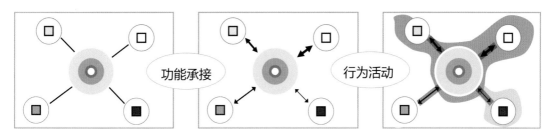

图 5.7 动态网络视角下城市阴影区从功能承接到行为活动的推演关系

根据上文研究，城市阴影区与中心区之间的功能承接作为基本动力，会对不同类型行为活动的具体作用强度及类型产生吸引作用，具体包括职住通勤活动、日常休闲娱乐活动、夜眠休憩活动等。同时两者受阴影区的不同主导功能影响，之间的作用力大小也存在一定差异，带来其时空距离及吸引强度的不同，反过来也带来相互间不同的空间关系。因此，可以说，功能承接关系在很大程度上决定了阴影区与中心区之间的关联作用强度，而行为活动则是将这一强度以丰富的行为类型加以具体时空关系组合模式的解构与重构，并最终形成两者间的动态平衡。

当不同片区内阴影区与中心区之间的功能连接达到一定强度，带来人群流动联系的相当数量或规模，从直观上看，之间的相对空间关系则愈发明显，具体带来了有些节点之间的空间联系趋于集聚而有些则趋向稀疏分散，从而形成多方向线性连接通道或者团状连接社团的空间连接组合方式，这类研究在社会学中较为普遍。本书结合前人学者以及上文的实证分析，将两者间人群行为活动关联带来的城市阴影区空间组织模式划分为单一节点导向的集聚关系、双向节点互流的丛集关系以及多向节点聚散的社区关系三种类型（图5.8）。这三类关系分别是从行为活动所涉及的集聚节点个数、相对区位以及相互间的联系强度、联系方向、联系影响等多维度因素而展开的划分，同时也是一种动态且相对稳定的关联方式。更为重要的是，这三种模式也可以看作随着动态流动联系增强而产生的进阶发展过程，也是城市阴影区受到来自外界各空间单元集聚辐射作用逐步增强的网络演替过程。

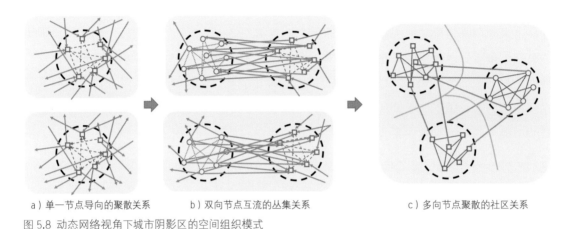

　　a）单一节点导向的聚散关系　　　　　b）双向节点互流的丛集关系　　　　　　　c）多向节点聚散的社区关系

图 5.8 动态网络视角下城市阴影区的空间组织模式

　　单一节点导向的聚散关系：此处的单一节点指向城市阴影区空间本体，它作为城市动态网络中的一个空间单元，在其发展初期，与外围片区之间的流动联系相对少，而其受到同处于发展壮大阶段的城市中心区较强的溢出回波效应作用较强。此情境下，不同时间段内，承载阴影区内外行为活动的人群大多向这一片区集中流入或者从这一片区溢出，形成以其本体空间为基点的聚散关系。人群的高度聚散行为活动，导致其相应地向服务设施聚集而非均衡分布，进而进一步引发阴影区负面效应的产生，具体表现在交通拥堵、品质环境下降等方面。而将这一集聚效应向外分散从而与外界联动发展是解决这一困境的重要路径。

　　双向节点互流的丛集关系：随着人群流动性与联动性增强，城市整体的动态网络特性也逐步凸显，而阴影区作为其中节点之一，一方面受到中心区的辐射作用加强，另一方面其自身对外联系的频率与强度也处于上升发展阶段。由此带来两者之间的相似人群移动特征及邻近位置之间的密切交互关系，具体体现在阴影区对邻近中心区的功能承接作用变大，人群在两者间的通勤流动、日常迁移等愈加频繁。此外，这两者间的互流运动需要实体的交通载体作为基础，其中的个体流叠加建构起两者空间网络的边，大量的个体流时空叠加则形成两者间的丛集关系，具体可解构为相似方向的流动集合。之所以说方向相似甚至一致，是因为两者的相对空间区位固定，交通联系方式在一段时间内也相对稳固，从而导致人群在两者之间的流动路径也趋向互为类聚。

多向节点聚散的社区关系：若将视角扩大至更为宏观的片区整体，不同阴影区与城市中心体系之间的流动则分布于不同的局部片区内，其中各片区内部的流动方向、强度、路径、对象等相对一致，从而导致其规律性类似，但片区之间的差异性相对大，这就引发了无形的"分区"，在网络结构中具体表现为社区关系。在这一关系构建中，阴影区与中心区之间的空间邻近性为重要的影响因素，既带来了两者间流动频率与强度的同时增加，也为相互间的功能承接甚至一体化发展打下基底。

5.2.3 内外交通与网络联系实体与虚联的对立统一

城市阴影区空间模式得以构建的另一个重要基础在于各片区得以相互影响、相互依存的连线关系，而这一关系投影到时空上，则演化为实体的内外道路交通体系以及虚体的网络联系路径体系。两个体系的综合作用对于阴影区片区的内外扩展及时空联动具有一定的指向性，其所承载的空间关联也是阴影区各功能片区内外相互作用的重要方式（图5.9）。其中，内外交通体系不仅是城市阴影区内部空间结构的骨架，也是其对外联通的通道，承载着人群的各项行为活动；而网络联系则表征着其与城市各空间单元之间各类流动要素的交换与演替，具体承载的是各单元之间的空间关系。在以往的研究中，半网络结构理论比较符合本书研究背景，即按城市内在规律，将系统的观念作为城市研究的一个良好起点；其中的交叠组织由于人与环境双方的同化与调节作用，且双方作用路径不相同，因而在空间、时间和心理层次上形成多元网络结构。

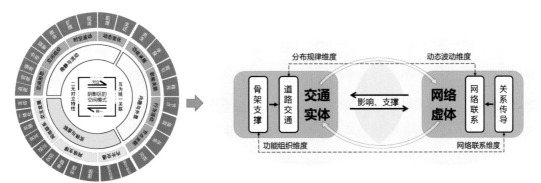

图 5.9 动态网络视角下城市阴影区的实体与虚联模式关系

1) 实体的内外交通系统组织模式特征

城市阴影区与邻近节点一道，构成复杂的内部系统，其交通需求呈现出多样化、巨大化的趋势，从而导致交通方式的多样化及交通系统的复杂化。若将其置于城市整体大环境中，其地理区位往往具有一定的相对优势，但就其交通区位而言，阴影区多处于交通可达性较弱的态势。在对外的流动联系过程中，单一的交通方式难以解决其复杂多样的交通需求，加之相对局限的空间及用地，故其交通网络体系多呈现立体化的联动开发格局。具体可划分为快速交通体系、轨道交通体系以及道路交通体系。三个系统构成了城市阴影区完整的交通体系，是其与周围空间联动的基础。

快速交通体系一般而言是某一节点或片区与周围其他地区联系的重要纽带，但就城市阴影区而言，其作用则截然相反。大多数情况下，城市快速交通网络对阴影区与其他区域的联通产生一定的割裂作用，从而导致其相对闭塞的大交通区位，尤其对阴影区的远距离快速到达与疏散起到较强的反向作用。在城市阴影区的形成与发展过程中，快速通道往往穿过其内部或从两个阴影区的边缘穿过，从而产生一定的空间屏障作用，导致其对外联系的不便。更为重要的是，由于阴影区与城市节点的相互依存关系，远距离交通能较大程度地缓解其负面影响，而这一割裂作用则加剧了其发展的瓶颈与阻碍。

道路交通体系则是由地面的各级道路组成，以期解决城市阴影区与外围片区的地面交通联系问题。在快速交通网络的割裂作用下，城市阴影区往往呈现分散零碎的组织结构特征，与邻近城市节点的路网对接存在异质性，与周边城市路网的体系融合度较低，最终导致其交通通行低效。从道路等级结构来看，由于阴影区内部多为生活性服务功能，故相应支撑该类功能的道路系统是以城市支路为主、主干路为辅，两者往往形成树枝状组织结构，其中内部支路体系多呈现路幅窄小的特点，导致人车混杂、人群通行难等问题；从路网结构来看，尽端式路网结构成为其中的主要路网组织模式，究其原因，河流等自然地理元素往往是其中的重要阻隔因素，导致其内部局部路网空间混乱；从路网网络图形来看，城市阴影区内部的道路之间的相交多以非正交的模式组织，这类不规则形成的原因有很多种，包括自然地形的不规则、地质条件的影响、自然构筑物的阻碍等，但此种组织方式不仅影响了通行效率，也造成其所围合的地块不便于使用的不良后果。

城市阴影区内部地价的高昂及空间相对局限的双重门槛，导致轨道交通体系成为其主要的人流输配方式，这在一定程度上能将集聚的人流疏散，从而缓解地面道路交通的部分压力。具体而言，地铁是轨道交通的常用方式，但通常情况下，地铁站点设置于城市节点内部，与阴影区之间的空间距离往往超出适宜的步行范围，这一缺陷也在很大程度上削弱了该片区对人群的吸引力。与此同时，轨道交通多形成以城市节点为核心的向外放射的空间格局，其走线与城市阴影区的路网结构存在一定的偏差，两者之间缺乏充分的网络交织，故而制约了阴影区内部交通的良性运转。

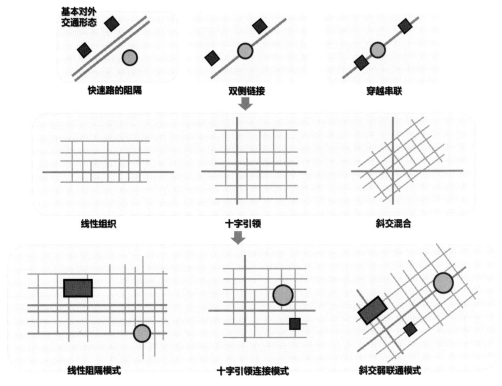

图 5.10 稳静交通系统空间模式示意图

　　具体从内外交通系统的组织模式建构来看，不同类型交通方式对城市阴影区所产生的空间组织特征及相应的优劣势各异，本书就不同类型的内外交通基本形态构成以及两者的组合形态结构进行分析（图 5.10）。其中，交通设施要素与城市阴影区及中心区两种空间要素之间必然发生交织，形成的交叉节点对于阴影区的内外空间组织以及生长发展发现具有关键的影响。具体来说，可能形成以下三种典型的空间交织类型：①快速路形成阴影区与中心区之间的阻隔，两者分别形成各自的内部交通组织，相互间的交通联系相对少。此种情况多发生于城市相对外围片区，快速路成为整体片区对外联系的重要通道，同时也带来了阴影区相对闭塞的对外交通状况。②城市主要干道作为中心区与阴影区之间的连接骨架，两者连通性强，但阴影区内部存在断头路或者尽端式道路。对于位于交通可达性较高片区的阴影区而言，由于其自身年代相对久远，内部交通设施相对落后而难以承载与中心区的顺畅交通联系。③城市阴影区内部整体路网与中心区成斜交联系，同时主要干道穿越中心区，对两者的连通性弱。对于城市新区而言，新规划建设的中心追求空间效率的最大化，而形成全新的路网结构，与原有发展相对落后的阴影区片区存在一定的脱节，从而导致两者交通联系的不通畅。

2）虚拟的人群网络联系组织模式特征

城市阴影区在城市整体结构当中所承载的功能联系及与包括中心区在内的其他片区的相互作用关系，具有典型的行为互动性及网络联系性。具体聚焦于动态网络视角，城市阴影区的空间生长以及发展演化与其所处片的发展水平、人群等各类流动要素的带动以及内外功能的组织架构等多方面的因素有关，进而导致城市阴影区与外界的联系完全由"流"建构。与一般片区的流动联系不同，城市阴影区本身是在形态上的凹陷区，这就带来三维空间上的相对势差，从这个角度来看，流动联系的过程，可以看作"弥补"城市阴影区与外界片区差距的过程。同时，城市阴影区在动态网络结构中也可被视为一个开放的自系统，与外界进行人群、物质、信息以及能量等多种要素的交换，这也构成其时空活动互动以及网络联系的基础。

将前文对城市阴影区的时空特性量化研究与实际所观测到的动态网络结构变化相叠加，不难发现，在其网络联系建构过程中，受发展环境条件、相关政策引导、多种流动要素作用等各方因素的影响，存在不同空间范围的相对恒定辐射状态。本书认为，这些相对恒定的特性是阴影区处于某一特定发展阶段的综合体现，同时也是承载这一阶段的根基，构成了其网络联系的基本要素。从网络建构的基本元素出发，阴影区片区是其中一个或者多个节点的集合体，它作为一个整体动态网络的空间基本单元，与城市各中心形成强弱关联并最终建构起以道路交通系统为基本载体的网络联系。

具体而言，这一网络联系建构的过程大致可以划分为四个阶段：①首先是城市阴影区在中心区发挥其极化效应或扩散效应过程中得以形成与发展，两者此阶段呈现出的是物质空间层面的静态分布，是一种空间不平衡分布的作用关系。值得一提的是，各空间单元之间并不是完全相互独立的，彼此间存在相互联系，但由于均处于开发建设的初级阶段，故而这一联系在此阶段表现不明显，以及这一阶段城市阴影区的对外空间关系为相对孤立且不关联。②随着城市化进程与相关技术、经济等发展，城市中心区的集聚回流效应加剧，带来城市内部的流动联系更加频繁，这对于城市阴影区而言，其所受的外界作用力也进一步加强，故而增加了内外空间交互。但在这一阶段作用下，城市整体的空间不平衡发展愈加剧烈，阴影区所产生的负面效应更强。③当不平衡效应发展到一定阶段，城市内部的自平衡系统逐步发挥作用，促进内部各空间单元的联动发展。城市阴影区作为其中发展相对落后片区，在这一联动效应带动下，一方面受到外界各片区的辐射力增强，其中最为强烈的为各中心区对其的多重集聚辐射作用；另一方面，其内部对于各中心区非中心职能的承接作用也进一步加强，形成与各关联中心区的分层流动联系，这一分层受两者的物理距离及内在功能关联双重影响。也即，城市阴影区与中心区之间逐渐建构起动态关联的网络联系，但由于发展的过程性及不稳定性，两者间的关联仍处于相对不均衡的阶段。④最后的阶段为城市阴影区与中心体系之间动态关联的相对平衡发展状态，两者间的流动联系频繁，共同组成相对完整的空间系统。在城市整体动态网络发展的带动下，城市阴影区与中心区之间的相互作用关联边界不断发生变化，两者之间的空间关系也处于动态调整状态，但最终形成的是片区空间一体化的联动发展，是一种相对理想且良性的共同发展态势（图 5.11）。

1.城市阴影区的相对孤立与不关联阶段

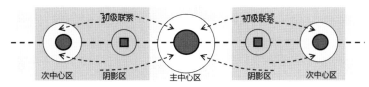

2.流动与联系带来相互间的初级空间交互阶段

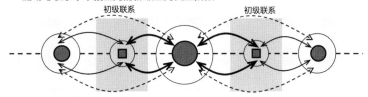

3.城市阴影区与中心区相对不平衡的分级联系阶段

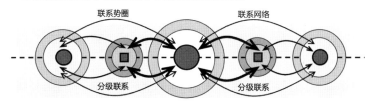

4.城市阴影区与中心区动态关联的一体化发展阶段

图 5.11 动态网络视角下城市阴影区的人群网络联系组织

注：⬤ 为城市中心区，◼ 为城市阴影区

在实际城市发展过程中，内外交通系统是城市阴影区与外界空间联系的基础载体，其承载的是相互间的各类流动要素的时空联系与交换，不仅为其提供基本的空间可达路径，同时也架构相互间空间交互结构的重要骨架。而反过来，两者之间形成的是一种互促作用，这种互为关联的联动效应也反过来促进城市阴影区内外交通的劣势条件改善与提升，从而实现其负面效应的逐步消解。综上，城市阴影区的空间模式需要内外交通作为实际的空间联系骨架以及流动与联系带来的网络联动体系作为其空间发展的虚体骨架，两者共同促进其与外界的融合与相互作用。

5.2.4 小结

通过对城市阴影区空间模式二元对立与互动统一具体关系的归纳与总结，可以得到，在城市整体动态网络结构作用下，城市阴影区绝不仅仅只有其特有动态波动特性，其同时蕴含相对静态的稳固基点属性；此外，它对中心区的功能承接是两者关系运转的关键，而支撑这一相互作用的另一要素便是相互间流动联系所带来的人群行为活动；同时，内外交通作为其内外联通的关键实体要素，也需要依靠不同流动要素所建构起的网络联系加以丰富和运转。不同类型系统在城市阴影区具体的空间模式中所存在的具体体现及作用各异（表 5.4），多种要素综合形成其内外联动的时空组织模式架构。

表 5.4 动态网络视角下的城市阴影区空间模式分层建构

结构特征	具体类别	在空间模式中体现	具体作用
稳静与流动	空间形态	边界轮廓	空间限定
	时空波动	波动纵深	动态变化
内隐与外显	功能承接	功能联系	功能体系
	行为活动	空间关联	联系层次
实体与虚联	内外交通	实体联系	连接基础
	人群网络	网络基底	网络基础

结合上述对于各分级维度下城市阴影区空间模式的研究，具体特征可总结为层级性、复合性、互动性与联系性，基于此并综合时空模式，可将其总结为以下三点，分别为稳固基点的阴影区流动联系模式、内置功能的阴影区活动外联模式以及交通支撑的阴影区网络演替模式。基于上述三种模式的重构，引申出动态网络视角下城市阴影区的六个本质规律。

5.3 基于城市阴影区时空演化模式的重构规律

作为城市发展演变过程中自然形成并生长的一部分，城市阴影区在传统认知中一直被认为是空间狭小、建设强度低、公共服务设施不足、整体风貌衰败等劣势特点的承载地，同时扮演着相对边缘化的孤立"顽疾"角色。但反过来看，正是由于城市阴影区的这一特殊性，它在整体城市结构中也发挥着重要的职能，其中最为重要的就是对中心区外溢功能的缓冲效应。此外，在人口、物资、信息、资金、技术等要素高速流动的时代背景下，动态网络联系成为城市内部各空间要素发展的必然趋势，城市中心区朝向复杂结构、超级规模的方向发展，也会在一定程度上带动其邻近阴影区的更新改造，这也导致城市阴影区在流动联系、空间形态、交通网络、用地功能等方面可能出现新的动态变化特征。

通过前章对动态网络视角下城市阴影区的基础规律的归纳与总结，不难发现，城市阴影区发展演变的过程中，受自身发展条件的制约以及包括邻近中心区在内的外围片区的辐射集聚作用，会形成不同的时空流动与联系模式。而这些模式一方面是各阴影区片区共性特征的具体反映，另一方面也涵盖不同类型的独特规律，是对其共性与特性的具象整合。在此基础上，对动态网络视角下的城市阴影区不同类型特征进行整合与凝练，将其分布规律、动态波动以及功能联系三个维度进行关联，最终形成阴影区的六条内在规律（图5.12）。

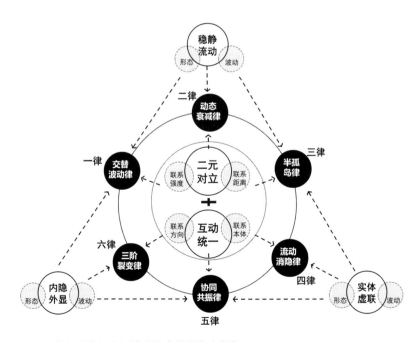

图 5.12 特征结构与空间模式综合得到内在规律

5.3.1 城市阴影区的低密昼夜交替波动规律

城市阴影区相对周边片区，其实时人群密度处于相对低值状态，同时在整体人流潮汐流动的作用下，其内部人群的流入流出量及与外界的联系数量在白天黑夜时间段显示出总体的交替波动趋势。

城市阴影区形成的前提在于城市空间的集聚与扩散，动因在于城市空间的不平衡发展，具体从功能联系带来的整体动态网络结构角度来看，当多个城市要素在空间流动发展的促进下形成局部集聚时，城市内部形成多个片区的集聚，也即功能中心区，且随着这些片区规模的逐步壮大，其内部空间难以容纳不断增长的体量，此时扩散作用则占据相对主导地位而导致其非中心职能的外溢。在邻近性原则的推动作用下，靠近中心片区的空间则成为最佳的承接场所，在其自身相对劣势因素的助力下，城市阴影区得以形成与生长。在各类流动要素的时空运动带动下，城市阴影区各片区之间、与外围片区之间存在一定的功能联系，从而发生空间交互作用。这与形态构成强调一定区域范围内各空间单元的空间分布是否均衡或者偏离等有较大差异。可见，一方面，城市阴影区各片区作为相对独立的空间实体，受邻近中心区影响所呈现出的空间分布、规模大小的相对均匀程度是其与外界功能联系与相互作用的基础；另一方面，各片区自身对于人群的吸引力及凝聚力存在一定差异，加之中心区的强弱辐射效应，最终形成不同格局影响下的时空变化模式。

通过对各阴影区片区人群流动的时空变化内在关系的分析与梳理，发现总体形成了"倦鸟归巢"式的昼夜交替波动规律，也即片区内人群流动倾向于白昼时间段内外溢而夜晚回归，这一规律也与城市整体的潮汐变化基本保持一致。具体来看，城市中心区作为公共服务设施、开发建设、职能业态等高度集聚片区，其人群波动最为显著与频繁，而由于城市阴影区与中心区的邻近位置关系，相应地所受的影响也较大，加之两者之间的边界感在动态交互作用下不明显，甚至存在一定的空间夹杂分布态势，故而相互间的人群流动也较多，导致中心区对阴影区的带动作用较强。而由于中心区的相对核心地位，它对于城市整体变化趋势的引导作用也较大，则能在一定程度上解释城市阴影区与整体空间结构相对同步的时空变化的态势。

若按照整体空间区位对城市阴影区进行细分，可具体划分为老城内阴影区与外围中心城区内阴影区，两者由于所处的区位环境差异，内部人群的流动联系差别也较大，其相应承载的功能体系也不完全一致。对于老城内阴影区片区而言，由于其内部的土地资源相对紧凑，导致其与邻近中心区形成巨大的位势差，这也往往导致两者间的联系相对强，具体体现在相互间流动的速度与层次两方面。相较而言，外围中心城区内的阴影区与中心区之间的联系碰撞则相对缓和，内部的关系带来的联系强度相对弱。从相互间关系的地方流与外来流属性来看，前一种类型由于两者组合的强烈碰撞，往往带来了其物质空间边界的动态变化，导致其中的人群对于关系空间的认知甚至喜好会发生相应的改变，从而建构出一种新的社会空间边界；而后者多引发的是低强度的外来流与本地流的融合，对于物质空间边界的改变较小，且更易形成高认同度的社会空间边界。虽然两种类型在人群的流动联系模式上存在一定差别，但其内部中心区对阴影区的整体功能辐射作用还是相对一致的。一般来说，阴影区内部所能提供的就业岗位较少，难以满足内部人群的就业需求，相反，邻近中心区对劳动力的需求较大，需要吸纳城市各个片区的就业人群才能得到满足，故而白天时间段内，阴影区内的邻近就业行为占据主导地位，带来白昼人流的外溢。相应地，中心区的高昂房价也带来内部的居住职能相对受限，住房成本相对低廉的邻近阴影区则成为部分上班人群的最佳选择，进而呈现出夜晚的人流内聚。

5.3.2 城市阴影区的凹陷圈层动态衰减规律

城市阴影区是一个相对凹陷片区，这不仅体现在其空间开发强度或形态的低洼态势，同时在与外围片区的流动交互方面，其对外的联系强度也显现出随着距离越远而逐渐减弱。

城市阴影区本质上是一个相对概念，核心具体表现为相对凹陷。在城市中心城区尺度，其内部某一阴影区相对于片区内中心区在开发强度、人群密度、功能业态等方面弱势，但倘若将研究范围扩大至整个城市市域，则它在各项指标上比外围郊区或者乡村片区强，也就是说，这一概念需要加入一定的空间范畴及参照对比对象才能成立。但是，传统研究中，对于城市阴影区的这一相对性的阐释多是以一种静态等级的视角，由此指向的是两个空间实体的形态构成。本书基于空间交互带来的动态网络视角，是从两类空间实体所承载的具体功能及其之间的联系来看，两者之间的关系可抽象为流动与联系所带来的关系网络，而城市阴影区则是其中交叉、放射与汇聚所构成空间的相对弱势方。

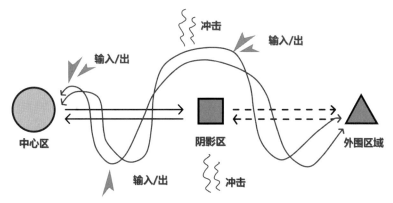

图 5.13 城市阴影区在中心区集聚扩散作用下的发展态势示意图

具体而言，在实际动态网络结构中，城市阴影区作为其中基本节点载体，受各中心区的集聚扩散作用，它邻近区位的相对优势反而难以显现，相反，表现为空间经济活动相对稀疏、消极，也即在一个相对长的时间段内，该片区越是邻近城市中心区边缘，其社会经济活动发展越是衰弱、受限制，进而演变成为空间"凹陷区"。当城市整体流动网络处于内聚主导的阶段，城市中心区对于周边片区也相应表现出强烈的集聚作用，邻近阴影区片区由于自身的发展条件相对劣势，而难以充分发挥出既有的空间区位优势，相较而言，逾越这一片区的相对外围片区更倾向于与中心区发生有效的功能联系与物质交换，且城市阴影区本身的内部要素在这一流动联系的过程中也呈现出外流的特点，最终导致阴影区虽邻近中心区，但自身发展却急剧衰弱，这与"近水楼台先得月"的一般规律背道而驰（图5.13）。当城市动态网络结构转向对外扩散阶段时，城市阴影区的邻近优势才能在一定程度上得以体现，但此时，城市中心区向外扩散的一般为其非中心职能，阴影区正好发挥其承接作用，而显然这一类型的职能体系难以促进其稳步的发展，同样导致断层发展现象，也即"城市阴影区"效应。

值得一提的是，在本书研究环境下，此处的圈层衰弱规律指向的是一种动态变化的特征。在人群流动所引发的城市中心区的集聚和扩散效应不断增强的同时，城市阴影区的内外要素流动强度和频率也随之加大，同时，由于整体结构的动态性，其所处的环境为相对不平衡状态，进而带来阴影区本身的动态变化特点，故而可将动态网络视角下的城市阴影区空间结构总结为本身的动态性及网络联系的变化性。当城市阴影区节点受到中心区的溢出大于吸引时，其所承载的联系势能减弱，对外影响的空间圈层收缩，同时与外界之间的要素流动也相应减弱，倘若这一趋势继续发展，则很有可能出现阴影区节点被周围片区逐步隔离且替代的结果，也即城市阴影区节点的被更新改造现象。此外另一种可能出现的情形为这一片区内单一的阴影区难以承载中心区辐射的非中心职能，进而出现一种圈层扩张的现象，也即这一片区内阴影区由斑块逐步向环状演变，且趋向于集中在距离中心区两到三个街区的圈层范围内；反之，在中心区的吸引力逐步加强的情况下，阴影区节点的对外联系也愈发频繁，其经济势能变大，随之进一步的影响可能带来城市阴影区逐步融入邻近中心区并成为其中的一部分。虽然城市阴影区在整体空间结构中属于"断层衰弱空间"类型，但不同片区由于自身规模及内外联系强度各异而在整体网络中的地位是具有一定差异性的。若将城市网络中任意一个参与结构建构的阴影区主体称为城市凹陷节点，核心凹陷节点则是这一网络结构内中心区作用力最强的集聚点，多重辐射的作用力以及外界人群流动的联系所形成的网络确定了整体人群流动空间中的凹陷节点地位。

5.3.3 城市阴影区的深浅交迭的半孤岛规律

在人群流动过程中，城市阴影区内部所承载的人流量随着时间变化也处于持续变动状态，且在相对集聚与分散的机制作用下，表现出绝对低值与相对低值的交迭演替过程；但就其对外的网络联系而言，呈现出的则是一个联系相对少、相对孤立的半孤岛状态。

在全球化、信息化背景下，城市阴影区的发展也出现了新的变化，具体表现为内部要素联系由松散到紧密、空间结构由简单到复杂、人群结构由单一到多元、功能结构由碎化到整合。城市阴影区的动态演化特性，是包括综合性中心区与专业性中心区在内的多个中心区在其空间集聚外溢过程中综合作用的结果，最终导致阴影区在某些空间或者功能属性方面的发展相对滞后。中心区是城市结构中的核心集聚片区，具有较大的辐射带动力及空间吸引力，但不同层级的中心区对于不同区位的阴影区作用力不一样，这种作用力的强弱大小也在一定程度上决定了阴影区的尺度及规模，是其存在、发展及消解的引擎，最终导致深浅阴影区的交迭波动。其中深阴影区指的是相对于邻近中心区在空间开发强度、人群集聚密度以及对外联系等方面均有较大差异的片区，两者间形成非常明显的落差；而浅阴影区则与邻近中心区之间的落差相对缓和。

在实际发展中，不论城市阴影区的深浅特性，由于城市空间体系的复杂性及动态性，它往往受到多个节点的集聚外溢效应产生的辐射作用，这多为一种跨行政边界、多功能之间的被辐射联系，其发展方向也相应地受到空间引导。在此种综合性的被辐射圈层结构作用下，阴影区由原来静态形态层面的"绝对孤岛"状态演化为动态网络结构下的"半孤岛"态势。究其原因，人群流动与联系促使阴影区与多个中心区之间形成较强关联效应，并在其演进的不同阶段中，呈现出多层级、多方向、多维度的特点（图 5.14）。多层级作用主要是受城市动态网络多中心结构影响，由于内部功能联系的密切性，各中心区对阴影区的空间作用也从原先的静态相对空间位置主导转向动态虚实要素协同与竞争并存的态势。但大多数情况下，邻近区位的城市中心区对阴影区作用力更强，而距离较远的中心区则作用力相对弱，它们之间形成多层级的辐射作用圈结构。不同中心区作用力的强弱不同，使得城市阴影的发展方向及内部结构有所差别。阴影区首先会在辐射最大的片区形成集聚，即在邻近中心区周边建成条件相对最差的片区，并受其他中心区辐射而向周边片区拓展或因邻近中心区发展壮大而逐渐消减，最终形成相对动态稳定的空间结构。正由于城市阴影区的多重吸引，带来其不同方向的辐射，也即周边多个城市中心区在不同方向上对其产生辐射吸引，进而产生其空间发展的"挤压效应"。在城市范围内，这种多方向辐射的基础在于交通系统及公共设施系统，随着相关设施条件的改善，各中心区的人群、产业业态等元素以多种形式、分时段在阴影区空间范围内进行集聚，原有的"发展围墙"也在一定程度上得到缓解。

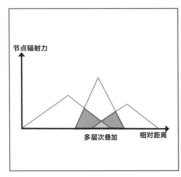 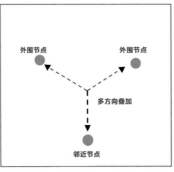 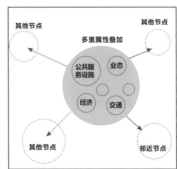

图 5.14 城市阴影区的多层级、多方向、多维度叠加示意图

　　除此之外，多层级、多方向的中心区对于城市阴影区的辐射也存在多种维度、多种类型的固有属性差异。在业态方面，城市阴影区多承载的是邻近中心区溢出的相对低端的生活型服务设施，同时，由于内部要素的流动性，周边中心区的一些配套服务功能也或多或少地流入该片区，最终形成复杂交织的多业态组合模式；在公共服务设施方面，由于城市阴影区多处于轨道交通站点周围密集活动区之外，往往易形成公共服务设施的真空区，需借助城市各节点较为丰富的公共服务设施优势，故其更倾向于成为各中心区的后勤配送服务片区，是多种服务设施"阴面"即后勤停车、配送人员、配送店铺等的集聚区；在经济方面，由于城市阴影区的区位条件，其土地价格与拆迁成本往往较高，若其处于城市中心区，则容易在其他外围中心区地价的竞争下呈现出"负价值"趋势，若其处于城市外围片区，则易陷入缺乏绝对优势的困境模式。

5.3.4 城市阴影区的碎片化的流动消隐规律

　　在城市整体的动态网络结构中，阴影区在空间分布、网络联系方面均呈现出碎片化布局特点，也即形态碎化与联系网络碎化；同时，若将阴影区放置于不同时间段或者不同片区的动态网络结构剖面中，则其呈现出的是时而出现、时而消失的空间规律。

　　在城市阴影区这一空间现象产生及演变的过程中，流动要素所产生的双向推力与阻力是一直存在的，这也导致它一方面依附于与其密切关联的城市中心区，另一方面也力求以渐进的方式进行空间发展。在这两种空间发展方式的作用力推动下，阴影区在城市内部空间范畴内往往呈现碎化的空间分布态势，这一碎化多体现在其个体尺度上，力求与城市其他发展单元产生时空协同。从网络建构维度来看，城市阴影区内部各空间要素的动态性及其在整体网络中与其他空间单元之间的联系较为突出，其所呈现出结构体系的成熟度也相对高。同时，由于城市整体空间结构的不均衡与不稳定特性，各片区内部阴影区所呈现出的碎片化发展模式也指向的是某一特定情境下的空间分布状况，且受时间变化和周边影响较大。具体在中心城区整体层面，各阴影区片区在其中的空间分布表现出的空间碎化，其基本动力来源于各项服务职能空间在整体片区发展影响下，由于不同空间区位、联系强度、自身的规模与形态、目前所面临的发展机遇与挑战等条件差异，而依附于各中心形成或融合或分离的空间斑块，这对整体形态来说是一种整体的碎化效应。这一点在城市区划片区层面体现得更为明显。具体来说，针对城市区划片区层面，时空变化的人群流动是其空间模式组织的重要影响因素，但除此之外，相关政策的间断式发展以及不同阶段的交通条件共同作用下的综合结果最终形成各片区的空间碎化。在人群流动方面，其层级、出行模式以及空间距离等因素将会引发各片区的空间发展复杂化，从而带来复杂模式下的分类型或片区生长态势；在不同区划的各项政策影响下，其内部空间发展呈现出扩张与停滞交替并存的发展节奏，不同速度或频率演化模式也奠定了一定的流动与冲击的基础；而交通条件方面，不同类型的交通运输与通行方式及其组合在很大程度上决定了各片区的功能空间拓展与内部职能组织模式，这也加剧了阴影区的碎化外向流动。

在碎片化发展模式下，城市阴影区与邻近中心区之间的时空互动表征为流动消隐，流动体现在城市整体动态网络结构的潮汐波动，而消隐则是针对阴影区在这种时空位移运动过程中的具体状态。在城市动态网络结构中，各空间要素间的流动愈加频繁，导致功能联系强度也变强，聚焦到城市阴影区这一空间范畴，则出现其发展往往受到邻近中心区以及其他片区内中心的"阴影"屏蔽作用，是多重中心区辐射的叠加。同时由于不同片区的辐射强度、方向、类型等均存在较大差异，故而形成了不同区划内各异的阴影区消隐空间模式，具体可将其抽象为以下三种类别：

第一类为单阴影区稳固消隐的区划类型。顾名思义，这类片区内部只含有单一的城市阴影区片区，多位于城市外围，距离城市主中心相对远，故而准确来说应该是中心城区外围的阴影区片区。同时，其相应受到的辐射作用也相对小，在交通联系方面，与其他片区之间的互动相对不便捷；同时在内部相对封闭状态影响下，其对外的职能联系也相对少且类型单一。综合作用下，其内部的时空扩展速度相对慢，且强度也相对低，基本依靠内部的自我调节与更新改造来满足自身发展需求，故而在人群等流动要素的作用机制下，这一片区阴影区呈现出持续性的消隐特征。其中的阴影区主要是由于内部的不平衡或者不协调发展而产生，仙林片区是这一类型的典型代表，其内部的仙林片区阴影区紧邻中心区，是在其开发建设过程中优先发展片区，受片区政策及其他条件的影响，难以带动周边后发地区。此外，仙林的其他片区内部各片区功能相对纯化，如依托大学城的基础教育功能片区、居住片区、产业研发片区等，故而呈现出整体的单阴影区节点发展模式，而这一节点受不同时间段、时间日等时间因素带来人群变动影响，与中心区之间的相对关系处于持续变化状态。

第二类为双阴影区此消彼长的区划类型。这一发展模式是由于片区在其空间规模快速扩张的过程中，原有的单中心难以承载后续的服务职能和空间规模，故而转向双中心扩张路径。而在此过程中，既有城市中心的对外集聚辐射能力不断扩张，其难以承担的更多职能外溢，其邻近阴影区片区所需要承载相应的非中心职能也增多，导致其阴影效应更加显著。同时，另一新中心在其自身生长发育过程中，需吸收周边区域的各种资源以满足其发展需求，但其空间规模会有瓶颈和门槛，故而其邻近片区在其带动作用下能得到一定的发展，但同时也相应地受自身基础条件的制约而难以融入中心区，从而形成较大的反差阴影效应。在此生长过程中，城市这一片区的整体空间发展不均衡，由此带来两个中心的相对差距，这也会直接影响到邻近阴影区的人群流动及外部联系，具体表现为其中一个阴影区受邻近发展态势相对好的中心区辐射而对外联系强，而另一个则相对持续弱。东山片区内的百家湖阴影区以及科宁路阴影区则是这一模式的典型代表：两者均基于工业制造职能而形成一定空间规模，且分别受百家湖中心与东山中心的辐射，难以得到进一步的提升与发展从而逐步演变为阴影区片区；而在两个中心区发展与竞争过程中，百家湖中心区占据了相对优势，由此带来邻近百家湖阴影区时空联系相对强且发展相对好。

第三类，可以看作第二类的升级版本，具体为多阴影区的多维度消隐区划类型。这一类型一般指向的是老城综合复杂功能区域，具体表征为在其不断更新改造过程中由多峰式发展而带来的片区相对不平衡与不稳定态势下，受多个中心的空间外溢而形成了多阴影区片区。其中，在整体尺度下，由于各分区的建设发展而先后形成的城市中心，虽在规模尺度下会存在一定的差异，但相互间的关系扁平化，且内部的职能联系多相对紧密，空间形态上也呈现出集聚趋势。在此基础上，立足于各个中心自身的功能服务，相关职能的外迁导致其散点化发展态势，正由于这一点，邻近阴影区片区多脱离原有的中心空间格局，而呈现出多模块的分片区发展态势，进而在动态网络结构作用下，形成维度的消隐演变特点。围绕南京新街口中心的估衣廊阴影区、青石街阴影区、慈悲社阴影区以及游府西街阴影区便是这一模式的典型案例，其中功能的复杂多样化正是多片区阴影区产生的根本原因所在，同时，在新街口这类城市综合中心内集聚人流及多向联系的带动作用下，不同阴影区根据其对于中心区的承接职能类型不同而呈现出不同维度的时空演替规律。

5.3.5 城市阴影区的非均质化协同共振规律

虽然城市阴影区相对周边在形态与动态网络联系上均处于相对劣势状态，但在邻近中心区的强集聚辐射作用下，两者之间的动态变化仍保持的是一种相对同步的共振态势；但从一个相对完整的片区来看，两者的组合结构在整体层面上不是均衡分布的，这也与总体空间非均衡发展态势有关。

在城市整体动态网络结构中，不同类型的节点对其整体的运行作用存在较大差异，相应地，与之发生连接的线性路径所承载的功能也不尽相同。在静态等级空间形态层面，城市阴影区作为空间的"凹陷"节点，与周边片区相比，在开发建设强度、空间功能多样化、结构稳定性等方面均处于相对弱势。但将其投影到动态网络结构中，在城市中心区甚至城市整体层面的外溢—回波效应作用下，虽然在整体网络中所起到的作用相对小，带来的连接也相对弱，却是整个网络运转必不可少的部分，某种程度上具有一定的"桥梁"作用，是中心区行使其核心节点职能的"重要通道"。在两种结构相互影响下，城市阴影区整体呈现出非均质化的协同共振规律，具体可解释为其空间本体之间、与城市内部各中心区片区之间的关联网络在空间维度体现出不均质分布，且在时间维度表现出类似频率的同步变化特性。

首先，在空间维度，城市阴影区的相对空间分布区位决定了其位于城市动态网络结构中的窗口位置以及控制能力的强弱，这在老城阴影区与外围片区阴影区之间尤其存在明显的分异差异。一方面，阴影区作为城市网络中的节点，其空间区位决定了基本特性，而老城内阴影区在公共服务设施、交通可达性等方面具有一定的优势，存在鲜明的集中人气指向和承接服务功能，带来其在网络中的影响力也相对大，相较而言，外围片区阴影区多处于开发建设的过程中，相关配套等尚未成熟，与各类服务设施规模的负相关性更强，故而其连接特征并不明显。另一方面，不同片区的被关注度也反馈出较强的现实性，这也会在一定程度上引导人群流动的方向及强度，例如，一般而言老城内阴影区片区在空间流动过程中的集中性相对强，由此，带来的空间网络的"中心性"也较高，进而进一步催化城市动态网络结构的不平衡。

其次，人群活动在时间维度上表现出较为明显的分时段耦合差异，而这一差异在城市阴影区与核心区之间的对比较为显著，若将其投影到城市网络中，则呈现出时间差异下的基本动态变化。具体在早间高峰时间段，城市阴影区倾向于外向性特性，表现为城市中心区的强集聚吸引作用带来的阴影区人群外溢，这一过程中其主观能动作用占据主导地位；相较而言，在晚间高峰时间段，城市整体网络流动由中心区向周边阴影区甚至外围片区的迁徙导致阴影区的相对空间内聚。但两者转化的过程中，城市整体空间关联呈现的是一种时间上的动荡性以及非均衡性。同时，就人群流动的热力程度而言，工作日一般比休息日高，这也说明了人群流动导向下的城市空间扩展的需求。

将两个维度进行整合，按照城市阴影区本身的区位形态以及其对于中心区的协同承接方式的不同，可将其具体划分以下三种类型：

第一，同心单势圈的弱协同承接模式。在人群或者其他流动要素的影响下，城市阴影区点状空间要素产生一定的变异，并展开全方位的向外扩展，这也从侧面反映出其邻近中心区处于快速发展膨胀阶段，内部活动增强且吸引力增大是产生这一空间现象的原因。同时，城市阴影区扩展的动态形态在一定程度上受中心区的规模、功能以及相互间的联系方式影响。城市阴影区在同心圆状对外扩展的过程中，其他片区的功能结构也随之出现一定的圈层布局，但这一承接影响仍处于初级阶段，故而强度相对弱。

第二，轴向带状的适度协同承接模式。引发这种扩张模式的主要原因有两个，一个是该阴影区片区对外联系的交通路径的线性引导，这是两者之间发生流动联系的实体路径基础；另一个是其与邻近核心片区之间的相对空间位置关系，若存在邻近两个核心片区处于阴影区的南北或者东西两侧情况，则强联系作用易导致相应的线性带状动态生长。

第三，多向势圈生长的强协同承接模式。在不过多受到外界条件影响的情况下，城市在其自然生长过程中，存在由单中心向多中心扩张的发展阶段，而在此基础上，为满足城市核心片区对于城市阴影区的中心与非中心职能调整以及新兴城市职能对于物质空间的需求，在其内部及周边形成新的承载点或者生长点，由此引发了阴影区形态的改变，同时推动其空间扩展。

5.3.6 城市阴影区的逐层传导三阶裂变规律

在城市整体动态网络结构中，由流动和联系参与建构的城市阴影区与中心区之间的网络关联结构具有层级性特征，因而导致阴影区本身的对外联系势圈作用也是分层级传导的，进而形成"核心—关联—边缘"三个层级的裂变特征。

城市阴影区的内外网络关联结构建构过程，是集聚辐射作用下流动要素向其外围片区逐层级传导的过程。这一过程所建构出的网络联系体系也形成了点到点之间不同联系强度连线所建构出的网络基面，且具体而言是一种时空基面，在各基面内的人群行为活动及相应的动态联系相类似。其中，核心网络联系体系的布局和结构，以及其与中心区的空间关系塑造所带来的一系列作用效用等均会作为关联网络联系体系当中相互作用空间塑造的前提条件，具体产生一定的正面促进或者负面约束作用，以此类推，对于边缘网络体系的影响类似，进而实现逐级传导。

就城市阴影区的对外联系而言，具体的层次性同时受到地理相对空间关系以及联系所承载的具体功能类型两个因素所影响。首先，对于任何一种流动而言，其能级性是特有属性，具体体现为不同"高程面"的差异。对于阴影区这一类相对联系弱势的片区类型而言，其对外流动联系的核心在于内部的服务流与城市中心区的连接。而在这一对外流动的过程中，受辐射范围及内部交通、地价等多种因素影响，会形成若干"联系门槛"，两个层级之间的联系需跨越这一门槛才能得以实现。其次，看似处于同一"高程面"片区内的不同流动元素，受其承载的功能类型及由此带来的相关决策者差异影响，其内部也具有一定的"高低"与"聚散"之分，而非均衡布局。前文所述形成的核心网络联系体系、关联网络联系体系以及边缘网络联系体系三种层级体系则是两种作用的综合结果。

其中，城市阴影区的核心网络联系体系是其联系最为紧密、功能承接作用力最强的面域，其内部空间单元之间的流动联系时空规律互为类似，从而形成较强的集聚作用。此种作用随着其层级的向外递减而逐步削弱，并最终趋向于相互弱关联甚至零联系的状态。值得一提的是，不同层级之间的临界点在不同片区内不能一概而论，而是会根据片区的动态网络建构成熟度或者水平而存在一定波动，这样也导致各层级在整体范围内不是处于一个规整的水平线。其本身即为一种片区非均衡的不规则面域，且在时空作用下，呈现出一定的动态波动，这也是城市阴影区受整体动态网络结构影响所呈现的部分特性。

5.3.7 城市阴影区时空演化重构规律辩证思考

基于上文研究，可以明确以下几点：首先不可否认的是，城市阴影区是城市发展过程中必然出现与普遍存在的空间现象，它的必然出现源于城市整体空间的发展不平衡，它的普遍存在归因于城市多中心结构的发展趋势。其次，阴影区在空间层面的分布、时间层面持续的长短以及结果层面的效应强度因各阴影区片区自身条件及其所受到中心区集聚溢出作用的不同而各有差异。再次，在流动与联系带来的城市动态网络背景作用下，城市阴影区不是一个完全封闭的系统，相反它是一个开放的、自组织与他组织相结合的动态结构，且在城市动态演变过程中，可能出现原有的阴影区逐渐演化为半阴影区，甚至最终阴影区效应逐步消隐而转变为非阴影区，或者原来处于深阴影区的片区在外界影响下可能演化为浅阴影区等情况。最后，鉴于城市阴影区这一概念的相对性，阴影区作为城市动态网络结构的一个组成部分所映射出的这些具体表征都不是绝对的，而是其相对于邻近中心区或者其他片区的特性。

同时，这一相对性概念也引发了本书的另一个深度思考，也即，动态网络视角下阴影区的空间模式是不是一直在变化？其中是否存在相对稳固恒定的部分？若存在，两部分具

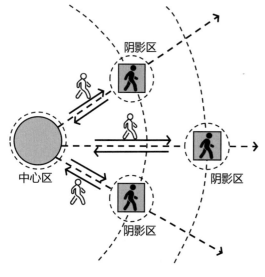

图 5.15 城市阴影区的内外流动联系示意图

有何种关系？顾名思义，动态网络这一研究视角对于城市空间的研究在于其典型的动态性和网络联系，进而将这两种特性落脚于具体的空间要素，则可抽象为多种类型、多个层级的"流动"，其中城市阴影区也转变为各类"流动"如汇聚、外散、交融等各类空间交互作用综合下的空间落脚点。此外，就阴影区内的"流动"而言，一部分是内部以个体为基本单元在各片区内建筑体或者地块之间恒定而持久的交互作用下，以渐进的方式进行空间融合；同时还存有阴影区与外围片区在群体层面的非均衡流动协同。最终两者呈现出空间不连续但职能相互联系状态（图5.15）。在这两种"流动"过程中，变化是其中绝对且必然发生的运动结果，但不可否认的是，变化也是一个相对的概念，涵盖了时间和空间两个维度，从不同角度来看，其中也必然存在一些不变化的空间特征。这一类相对稳静的空间模式部分是阴影区概念得以存在的基石，甚至可以看作是其"固有"属性；同时，它也是支撑其动态网络结构的重要部分。此外，在本书研究中，城市阴影区的空间组织是围绕流动联系以及其载体的动态网络结构，即以动态网络为主导的组织结构，故而其中流动变化的部分是这一结构的灵魂。两个部分相互支撑起整体结构。

城市阴影区的动态消解与智慧发展规划

在前文对于城市阴影区的基本理论与相关实证研究的基础上，动态网络视角这一研究维度不仅是一个时空问题，同时也关乎阴影区形成、发展及演变的本质过程。第 4、5 章对于动态网络视角下城市阴影区结构特征及空间模式的具体研究，构成了其动态网络结构本质内涵。基于此，既然时空维度对阴影区的研究如此重要，那么对于其相关机制的探索也需要从单纯的静态视角转向动态视角。城市阴影区的动态网络空间结构的建构有着自身发展的内在逻辑，也受城市环境中其他各类要素的作用影响。但更为关键的，也是本书研究的目标导向所在，便是城市阴影区的消解问题。不可否认的是，本质上讲阴影区的负面效应总体上大于其正面效应。正如上文研究所述，城市阴影区是在空间非均衡发展、职能空间分异以及政府规划激励等多重动力因素作用下产生的，虽然它在一定程度上能较好地承接中心区的溢出职能，进而起到一定的疏解作用，但由于其自身相对弱势的发展条件以及其占据的优势资源，从整体综合的角度来看，它对于城市片区发展所能发挥的作用为负值，也即负面效应占据主导地位。这一负面效应对阴影区自身的成长演变会带来抑制作用，同时长期来看对于邻近中心区的发展也会产生一些不利影响。

在各种类型空间因素的多重作用下，城市阴影区的动态网络空间规律及模式得以形成与建构，但其对于城市总体的负面效应仍需要加以消解。同时，将阴影区归置于本书研究所强调的动态网络视角，它处于一种实时变动的不稳定状态，故而对于阴影区效应的消解也需要运用动态的思维方式。基于此，本书提出对城市阴影区负面效应的"动态消解"理念，其本质在于将这一消解机制看作一个动态过程，并企图建构出一个与城市整体各个空间系统层面动态网络联系之下的演化秩序。继而，本章对于城市阴影区"动态消解"的理念转变、措施途径以及理想状态三个维度进行了阐释，并就相关城市案例进行具体的应用研究剖析。对于这一"动态消解"机制，本章重点在于以下 3 个问题的回答：这一消解机制相对于以往传统的方法具有哪些改进之处，具体在哪些方面存在不同与提升？在这一理念的指导下，具体有哪些与之对应的策略措施？进而在这些措施的共同作用下，"动态消解"机制所导向的理想状态是什么？

6.1 城市阴影区动态消解的整体性思路转变

传统研究中，对于阴影区效应的消解多从产业经济、政策引导、战略调控等相对宏观静态的角度考虑，这一视角多适用于城市群或者都市区尺度，对于城市阴影区这一偏向于中微观尺度的空间，其最大的特点在于实时变动的不稳定性，也即要想消除其所带来的负面效应，并非一日能达成。"动态消解"的理念应运而生，指向的是一种融入时间与空间这两种相互关联且密切相关的双重因素的对策方法。当然，这一理念不仅仅是单纯地将时间作为其中的考虑要素，更为关键的是，对时间与空间相互作用关系下阴影区所发生的具体变化以及不同的负面效应的考究。城市阴影区的动态网络空间规律及模式在各种类型空间机制的多重作用下得以形成与建构，进而对于动态消解理念中时间与空间的关系处理尤为重要。

6.1.1 从空间维度到时空维度的消解视角转变

"动态消解"意味着多种"消解"策略在时空维度下的动态干预与协同，这一过程是多重机制综合作用下的具体要求。在时间维度，为消解阴影区效应而涉及的各种策略的协同在于它们具体所起到的作用大小以及产生真正效应的时间先后差异在阴影区本体空间上的表现。在空间维度，不同类型的消解措施具有不同的空间形式，且较为普遍的是多种措施在某一具体路径下的空间叠加，故而产生相互间的不同相对空间距离与关系，造成空间效应的先后生成。例如，对于南京老城内新街口中心区周围的阴影区而言，其形成与发展具有长期性与复杂性特点，相应所产生的阴影区效应综合了经济、社会、空间等多方面因素作用，故而要消解这一负面效应，则需要结合内部居民、各级管理人员、外来流动人员、工作人员等不同类型人群的力量；又因为针对其不同流动联系特点所需采取的具体措施各异，故而不可避免地会涉及时间先后以及相互干扰。分阶段、分主次、分强度的主动干预与被动干扰是满足时间与空间协同诉求的整合策略（图6.1）。

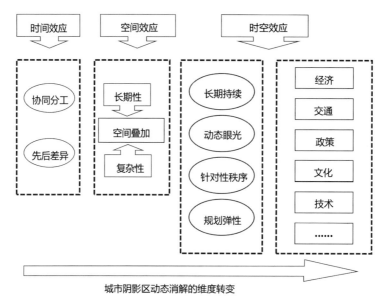

图 6.1 从空间效应到时空效应的转变分析图

具体而言，城市阴影区的"动态消解"需要从以下两个方面来进行谋划：首先，对于城市阴影区效应的消解是一个相对长期持续的过程，由于这一空间实体的形成与发展也并非一蹴而就，而是经济、交通、文化等各种因素共同作用的结果，同时它也是在持续动态变化中，故而短效的规划改造工作难以对其起到真正有效的指导作用；其次，对于城市阴影区本体而言，作为一个相对开放的系统，在动态网络结构中易受到外界作用而发生突变，具体可能在时间、空间或者功能方面进行有序或者无序状态的来回转变，但不论其处于何种状态，均为一种非均衡状态，若要保持这一空间片区的动态稳定，则需要与外界发生持续的物质、能量、信息、人群等各类要素的交换与流动。由此可见，对于城市阴影区消解最有效的对策方法是以动态眼光对其不同状态建立有针对性的规划秩序，这一秩序一方面需要对其自身及周边物质环境、经济环境、社会环境及文化环境产生相对良性的影响结果，另一方面也要有一定的弹性，也即需要为阴影区自身的发展留有一定自主选择的可能性，最终达到相对的动态平衡。

值得一提的是，城市阴影区的"动态消解"是一个循序渐进的过程，同时也需要多方力量的共同参与。这一中观尺度的消解措施相较于区域尺度，则更偏向于以人作为基本出发点的时空演变对策。它既是一种技术导向的路线操作，又是对阴影区内核的再定义。需要从总体的时空特征与模式出发，并最终落脚到时空消解，是对时间与空间的双重应对，既要在空间层面纳入时间的影响因素，也要在考虑时间的同时控制空间维度的变化，是基于流动网络视角下的对策手法的演进与创新。

6.1.2 从单一对象到复合体系的消解对象转变

在城市整体动态流动与联系的大环境下，阴影区作为其中相对低值或者"发展弱势"片区，在一定程度上呈现出的是类似于孤岛式的与外界连通不畅的状态，也即"孤岛"状态。但无论是城市阴影区作为一个相对独立的空间单元，还是城市整体作为一个复杂的空间体系，都是一种客观的时空存在。在城市动态网络结构中，其内部各空间单元实质上是相互关联的有机体，阴影区作为城市中的组成部分，是整体网络中的一个节点，对这一节点的作用将会直接或者间接地影响到与其相关联的城市节点。故而，在"动态消解"机制作用下，对阴影区负面效应的消解对象不仅需要落脚于阴影区这一空间本体，同时也需将消解作用机制下的辐射范围扩大至与之关联的复合体系当中去。可见，"动态消解"是一种相对系统且作用多层次的阴影区负面效应消解机制，其优势效果更为明显。

在城市实际发展过程中，各阴影区位于城市不同片区，所受到各系统的作用强度与过程均不相同，导致其发展方向及产生的具体效应各异。而更为关键的是，"动态消解"机制对于不同空间尺度下城市阴影区负面效应的消解重点也会随之发生不同的转变。就阴影区所处的空间环境而言，本书按照"中心城区总体—城市区划—本体空间"的尺度层级逐层展开，各层级对应着不同的具体消解问题（图6.2）。

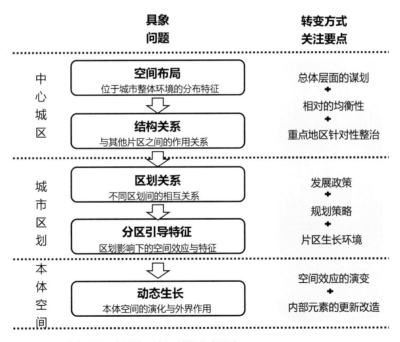

图 6.2 不同空间层级对阴影区消解所需考虑要素

在城市中心城区总体层面，需要重点讨论的是阴影区影响效应下城市整体空间格局的关系问题，也即阴影区在城市中心城区尺度下的空间布局、结构关系以及不同类型阴影区与邻近中心区的作用关系等。在这个关系的建构过程中，限于不同片区相对空间区位的不同，部分阴影区可能会在某一发展阶段形成相对聚集的负面效应，而其他阴影区所衍生的空间特征则相对弱且分散。这两种不同组合关系所导致的不同效应类型是需要总体层面重点解决的问题，既要保证相对的均衡性，同时也要就重点片区进行有针对性的整治。

城市区划所带来的发展政策、规划策略以及生长环境等对于阴影区的影响相对较大，反过来说，城市阴影区的空间发展过程具有分区特征，而这一分区与城市区划关系密切。首先，城市阴影区的集聚或者分散程度在各区划内并不相对固定，而是受邻近中心区的规模、等级、功能等各项因素的影响，位于城市主中心区附近的阴影区通常具有数量较多且规模相对小的特征，位于城市次级中心区附近的阴影区一般规模相对大，数量与外围片区中心区附近的阴影区类似，均相对少。需要针对不同区划内阴影区分布、规模等特征所产生的空间效应，结合该片区的实际情况进行相应的对策引导。

其次，在阴影区本体空间层面，其内部的元素构成以及与外围片区在空间形态、功能承接、内外交通、人群流动与联系等方面的作用关系是这一层级具体效应的关键。同时，阴影区本身也一直处于动态生长过程，在其新一轮的生长演变进程中，具体呈现出的各类空间特征也发生一定变化，从而带来相应的空间效应的演变。故而对这一层次的阴影区负面效应的消解关键在于内部元素的更新与改造。

总之，在不同空间层次中，城市阴影区发挥着各异的空间效应，故而对其消解需要就各层级特征进行主次权重的划分与针对性处理，并逐层传导，最终在一定的发展弹性作用下实现各类消解措施的空间交叠以达到负面效应的消减作用。

6.1.3 从被动承接到主动干预的消解手法转变

城市阴影区的"动态消解"机制的理想目标之一在于融入整体网络结构中并使其达到动态均衡状态，两者是彼此相互依存关系，其中阴影区作为城市发展中的相对"短板"，会在一定程度上抑制邻近中心区的发展，故而需要理顺其产生的负面关系。但两者之间的动态关联关系不是单纯地受到空间邻近因素影响，而是需要综合城市各系统的复杂组织关系才有意义，这也带来对两者多层级与多维度的关联关系的处理。多层级不仅指空间层级，也涵盖时间层级，因为两者的关系为一种时空关系；多维度强调的是空间区位、界面开放程度、交通联系、景观融合等多方面的关联关系。在这两方面的具体作用下，对于城市阴影区这一相对负面的城市空间来说，其效应消解的一个重要途径便是在对外交互过程中，充分发挥其相对优势，实现由被动承接到主动干预的转换。

就阴影区负面效应动态消解的具体手法而言，要求对城市阴影区的主动性进行最大限度的挖掘，对可将被动转化为主动的功能交互进行适可而止的引导，就是"动态消解"在具体操作上的转变。继而本书以城市阴影区内遗存文脉这一相对特殊片区类型为例，对织补历史遗存文脉的关联网络的详细做法进行案例阐述。

将"织补"（weaving）这一概念运用于城市之中的做法早已有之，它也是城市更新中的常用手段，核心是在整体思维的引领下，用交通联系、环境引导、功能整合等多种具体方法将其中相对孤立的空间片段或碎片有机串联起来，从而使这些空间转变为一种能用于人们日常使用空间网络中的积极部分。对于城市阴影区这一种具体的"顽疾"空间，"织补"这一理念尤为合适，它强调关系网络的有机整合与联系，也可作为其后续生存、更新与发展的基础，也是存量发展导向下阴影区效应消解的关键所在。在阴影区的各类空间要素当中，历史遗存文脉要素是较为脆弱但同时也最需要加以保护与延续的类型，它是一种社会和功能层面的相对弱势拼贴。若对这一"敏感"要素的拼贴处理不当，则会进一步加剧阴影区与城市其他片区的失衡联系，同时也更不利于其内部负面效应的消解。

城市阴影区中，消极的历史遗存文脉会随着整体片区的衰败而慢慢消失而导致文脉链条的断裂，在其"动态消解"的过程中，应积极梳理其中的历史文化元素并凝练特色资源，采用公共空间、活动游线等一系列的空间组织方式将这些资源重新加以利用并"织补"进城市整体的文化脉络当中去，将其有效定位于或融入城市的特色空间风貌体系中。如对于南京升州路阴影区所带来的负面效应的消解，就需要提炼其中重要且具有特色的老城南民居建筑，加以保护和利用，结合这一老旧片区的改造将其打造为城市独一无二的一张名片，并在人流、物流、资金流等各项流动要素的动态联系带动作用下，与城市其他文化进行传承与结合，进而在一定程度上消解这一片区阴影区的消极影响，并达到优化整体城市空间风貌以及凸显城市文化内涵与品质的目的。

值得一提的是，在阴影区"动态消解"理念中，对于历史文脉这一特殊空间的"织补"，大拆大建是不可提倡的，而是需要在最大限度保护原有状况的基础上，对其中缺失或者不完善的部分进行适当修缮，同时调整或者增加新的联系路径以重构现有的网络秩序。此外，若这一片区的网络联系相对弱，则可考虑适当植入新的网络链接，从而建构出新的节点，与原有片区进行联动发展，共同组建为新的特色节点，并与整体网络进行缝合。这一相对复杂的过程需要"动态消解"机制的不断加强与支撑。

6.1.4 从彻底消除到逐步转型的消解效果转变

对于城市阴影区而言，其所产生的负面效应得以"动态消解"的核心特点在于时间的过程性与空间效果的阶段性，无论是时间方面还是空间层次的控制，这一效果应该是分不同阶段的逐步转型，而非一蹴而就的彻底消除。本质上，阴影区的"动态消解"过程是从本体空间出发，在空间中加入对时间的控制，并最终落脚到空间，这是从动态网络视角对阴影区负面效应进行控制所需要的创新思维。基于这一理解，以"对时间与空间的双重协同控制"作为"动态消解"的操作主线，一般需要经历流动与联系变革下的冲击、冲击作用导向示范区并形成多点带动以及对于各更新改造片区的空间串联三个发展阶段（图6.3）。

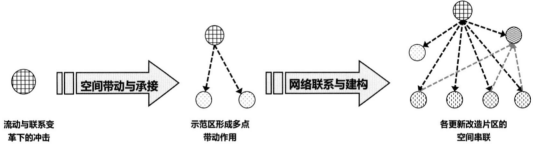

图 6.3 动态消解机制下城市阴影区负面效应消解过程示意

注：🌐 为先发转型的阴影区，⚪ 为第二阶段转型片区，⬡ 与 ⬤ 为后续转型片区

在流动与联系变革的冲击下，发展条件相对好或者负面效应相对小的阴影区片区能较快地实现空间转型。但不可否认的是，"动态消解"策略很难从一开始就改变阴影区以相对稳固的实体空间存在的形式，也很难对其具体的空间范围或边界产生实质性的具象影响，但是在流动与联系主导的城市动态网络结构中，其对阴影区所产生空间效应的负面性以及影响程度起到了循序渐进的缓解作用。在对其具体效应的消解过程中，加入时间要素，使得其内外的流通机会增加，从而带来空间本体的逐步协同。而随着流动的空间逐渐变大与复杂，城市阴影区域外围片区的空间交互方式也会随之发生改变，进而带来其内部空间的重构。由于不同阴影区所产生的负面效应大小不一，故而其改变程度也各异，不难理解的是，针对其中阴影效应相对小且已逐步消解的片区，流动联系变革对其冲击力及相应的空间消解作用相对明显。对这一类型阴影区而言，随着流动联系的长期存在，其内部使用人群的构成类型、数量密度以及活跃度等均会发生一定变化，从而形成阶段性的示范性转型。

在"动态消解"作用过程中，上述产生先发效应的阴影区片区则成为其他片区的"示范区"，它不仅会对邻近中心区及其他片区带来一定空间作用，同时其产生的正面效果也会进一步带动其他片区的转型，从而实现以点带面式的改革，这也是动态性与阶段性的部分表现。在动态网络结构中，包括阴影区在内的空间单元是相互联系的，这里的联系不仅包括实体物质空间层面的交通或者功能联系，同时也涵盖自上而下规划政策引导下同类型体系的联系，这也为阴影区作为一个相对完整空间体系的整体化更新改造带来较大支撑。故各阴影区片区之间会趋向于在可能的情况下追求相互的空间转型带动与呼应关系，从而实现相对同步、一体的发展演化。

在空间实体层面，若将城市阴影区系统内各片区当作一个个相对独立的客体存在，则对其进行串联的人及其各种行为则成为活生生的主体，这也是动态网络结构本质的具象表现。在信息与交通技术的革新与进步作用下，部分阴影区片区在"动态消解"机制作用下实现阶段性的负面效应消解继而空间转型过程中，相互间的空间交互与联系愈加频繁，具体体现在一方面交通系统的完善及出行方式的多样化拓展了居民的出行范围，另一方面信息的互通有无也给城市各片区带来了新的发展机遇，尤其针对阴影区这种具有一定的区位优势的潜力片区。这样一来，这一空间系统的重构与优化调整便成为可能，而其中最有效的措施在于流通与联系，故而相互间的空间串联有利于实现各片区之间跨越时间与空间的协调发展。

6.2 城市阴影区面向动态消解的智慧发展规划

动态网络视角下的城市阴影区发展受到多层级、多维度、多方向的各类机制作用，在与周边片区的协调发展、对中心区的承接促进等方面往往表现出较大的制约。城市阴影区效应的消解是一个综合、长期过程，不仅需要考虑相关政策、社会影响、城市管理、文化映射等多种因素，同时宏观、中观及微观不同尺度下的针对性手段干预和构建也必不可少。基于上文研究的成果，同时结合阴影区动态性与网络联系的具体特征，本节从空间分异性、时间变化性以及功能差异性三方面提出相应的"动态消解"策略。

6.2.1 基于空间分异性的城市阴影区分片区整治策略

城市阴影区在空间尺度上存在分异性特征，不同片区内阴影区分布不均衡，这与城市各个片区及其整体的空间发展背景也有关系，由于其集聚辐射能力在各种不同基础条件作用下存在一定差异从而导致整体空间发展的不平衡。具体而言，阴影区的此种空间分异差异与其所处各片区的历史沿革、社会经济发展阶段、相关政策引导等方面息息相关。以南京老城内新街口片区为例，这一区域一直是南京城市发展的核心片区，内部集聚着经济资本、文化资源、社会活动等各类要素，但在随后的发展进程中，这一片区也逐步出现了用地结构不合理、建筑质量差、交通拥堵、公共空间不足、基础设施贫乏等一系列问题，在正负相关因素的共同作用下，人流、物流、资金流等各种流动要素出现了不同程度的外散，导致整体空间分布的不均衡。而城市阴影区正是受这一片区发展模式及空间结构的变化影响而产生并分布于自身发展条件相对差的空间地块，从而引发了空间分异问题。此外，若落脚到不同片区内阴影区的空间分布差异，则很大程度上是受城市发展战略的影响与支配，根据各片区的发展条件及资源，对其进行了不同层级的职能定位，这在一定程度上也决定了其中的各类设施资源总量与分布，从而影响了片区发展以及其中阴影区的分布状态。

　　而就城市阴影区的空间分异性所带来的负面效应，首先需要依靠相关政策与政府的自上而下引导：在政策制定方面，城市管理者可综合各阴影区片区的相对优势区位及劣势发展基础，对其开发改造给予一定程度的引导甚至倾斜，既为这一片区的更新改造提供更多的可能性，同时也在其转型过程中提供相应的支持；此外，在对整体片区的规划建设及空间结构的组织过程中，将阴影区片区融入大环境的系统架构中，而不是单纯将其作为一种负面空间，同时缩短其依靠市场自由开发建设的探索时间，从而加快其合理定位与更新改造的进程。

　　其次，除了上述被动的引导方式，对于阴影区的空间分异所带来分布及活力状态差异的主观利用也是一项重要的消解措施，这是一种自下而上的推进方式。针对不同阴影区的自身活力及潜力优势的差异，对其进行分片区、分顺序、分层级、分目标的多样化发展举措应对。就城市主中心片区周边阴影区而言，其中的人流等各种流动要素影响更为剧烈，带来活力相对强，故而应进一步借力邻近中心区的带动作用，增强相互间的交互，从而改善其活力状态，这在一定程度上也能起到示范带动作用。而针对外围发展相对落后的片区阴影区，凝练其相对优势，并将其加入与其他空间单元的竞争当中，两者形成联动生长，最终建构起片区整体的活力。总体而言，这一基于空间分异的分片区整治是一个循序渐进、以强带弱的过程，同时需针对不同片区的实际情况及其相对优劣势凝练出合适的发展对策（图6.4）。

6.2.2 基于时间变化性的城市阴影区分时段策划策略

　　不可否认的是，城市阴影区具有强烈的时间变化性，即其中各片区的整体活力、人群波动、对外互动联系等在不同时间段所呈现出的状态各异，具体的表现在于，同一片区在一天当中的不同时刻或者不同时间日的同一时刻内所承载的人群数量与类别、行为活动

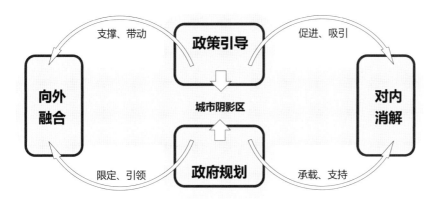

图 6.4 基于空间分异的城市阴影区分片区整治示意图

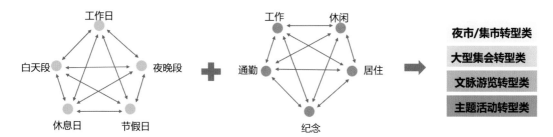

图 6.5 时间变化性与行为类型组合对阴影区活动转型的影响

类型组合与模式以及总体活力状态均受到来自内外多种作用力的影响而呈现出不同变化差异。而不同阴影区片区在时间维度上的变化性大小也不一致，根本原因在于其自身承受来自各中心区的多重集聚辐射能力的强弱，这也会直接影响到其产生的正负效应大小。除此之外，变化性的大小也是阴影区片区叠加效应及其所带来的活力强弱的另一个重要影响因素，对于一个变化过于频繁或变化模式过于多样化的片区而言，其中的整体效应很难维持在一个相对平稳状态，导致其中的活力也难以保持，不利于片区长期的稳定性发展。故而，对于城市阴影区而言，时间变化性是其中一个重要的影响维度，同时也是其负面效应得以消解或者缓解需要重点考虑的一个因素。

利用阴影区内部活力及相关行为活动模式的时间变化性特点，考虑不同时间段不同片区阴影区的差异性，通过将其自身特征与外界各类影响要素的有机结合，一方面有利于提升某一片区在不同时间片段的相对稳定性，以此保证其空间活力；另一方面也增强其与外界的互动与联系，通过内外因素的双重助力推动其负面效应的有效改善。具体而言，按照不同时间段的人群特点及其可改造活动类型的组合模式，本节列举出夜市或集市转型类、大型集会转型类、文脉游览转型类以及主题活动转型类四种策划策略的可能性（图 6.5）。

以"夜市／集市转型类"这一类型为例，它多针对的是位于老城片区阴影区内开敞式步行道路或者空置广场与空地等，这两类空间实体的类似之处在于空间区位处于相对优势地位但实际的利用率却不高。就前一种空间实体类型而言，它所起到的作用多为日常通勤，一般邻近中低端生活服务类业态，这也导致其对人群的吸引力相对弱，这点在夜晚时间段表现得尤为突出。由此，为其植入新的活动类型以丰富空间内涵是弥补这一缺陷的重要路径，利用其良好的空间区位和中低端定位的条件，植入夜市这一面向多层次人群类型且符合此类线性空间组织模式的活动类型，是利用时间变化所引发空间错位的一种较好方法。夜市的植入一方面能为这一阴影区片区带来相对持续性的人群活力，另一方面也在一定程度上提高了其知名度从而形成空间集聚发展的良性循环，这一方法适用于邻近新街口片区的青石街阴影区、慈悲社阴影区以及游府西街阴影区等。后一种空置广场与空地情况是相似的，特点多为内外交通可达性相对低、基础设施相对欠缺从而带来其阴影区效应的持续，区别在于两者的空间面积大小与组织模式差异，故而适合集市这一类需要较大场地的活动类型，同时在时间维度上可以是白天和夜晚或是工作日和休息日的转换。

总的来说，将时间变化性特点融入城市阴影区片区的空间利用模式中，将两者进行有机组合的同时，对同一空间实体在不同时间轴上的适宜功能开发性质与活动类型进行有针对性的分时间段策划，使得其在整体上具有相对持续、变化平稳的人群集聚活力，这种时间序列上的重叠能在很大程度上削弱其产生的负面效应。同时，不同类型的空间活动在这一片区内部的有效、合理的组合也有利于其有序的管理及累积问题的缓解，进而提升其在更大空间范围内的地位与作用，保障其健康、可持续的发展态势。

6.2.3 基于功能差异性的城市阴影区分类型培育策略

功能差异性也是各阴影区片区的另一项重要特点，尤其是在随着人流、物流、信息流、资金流等各类要素的流动与联系，城市内部各空间要素之间的多维互动以及协调合作愈加频繁，动态空间网络化发展模式已经逐渐成为主导趋势的背景下，城市阴影区作为其中相对特殊的发展片区，应利用好其邻近中心区的区位优势，强调其承接溢出的非中心职能作用，在两者共同作用下形成相互协作、"联合"发展的一体化空间。而就阴影区本体而言，其功能混合的多样化与合理性对于其自身活力的提升具有明显的作用。故而，城市阴影区对外职能的承接与内部功能的组织建构出的综合功能的差异性是其整体发展的重要影响因素。但这一要素的形成与发展同样不是一蹴而就的事情，而是需要综合多方力量且经过一段时间的协调与关联才能形成合力，并对阴影区负面效应的改善产生积极作用。

从动态网络视角看，功能差异性主要指产业链、资金链、供应链等基于不同类型人群与业态集聚所形成的差异化网络功能。本质上讲，功能差异是人群各项行为活动投影到阴影区本体及其相关空间单元的具体表征，也是阴影区动态网络和内部职能分工体系得以运转的关键支撑。因此，对不同功能类型的阴影区片区进行精准识别和分类引导既必要又迫切。

就城市阴影区体系的整体复合功能来看，处于不同空间成长环境下的各片区具有不同的主导功能，成为其各自邻近中心区的非中心职能的承接载体，同时也吸引了一定的居住人群与就业人群。整体而言，这一体系初步形成了以日常居住或工业生产制造为主的功能体系，但就具体的功能配套来看，其内部的各项基础设施以及就业、居住相关服务仍不完善。这就需要在宏观层面重视对各阴影区片区的职能类型与体量承接的同时，适当加强其就业及相关服务能力，以逐步加强这一片区在内外服务、资金流动、信息传递等方面与中心体系的联系与渗透，从而进一步促进其自身复合功能与空间结构的完善。

同时，由于阴影区片区的功能差异性，对不同类型的多功能复合应采取针对性措施，以促进其综合性的功能复合，从而保障片区内部活力。对于日常居住主导型片区而言，适当植入多样化功能的建筑类型，以期形成多样化的片区发展环境，促进其功能的渐变式复合；且其后续开发项目中，向娱乐休闲功能要素的适当倾斜也是另一种促进其多功能要素复合的有效做法。而对于工业制造主导的阴影区片区，其功能持续相对单一化是"动态消解"机制的最大阻碍，由此，积极引入综合体式的更新改造建筑形式是对原有建筑体的一种高效使用与组织方式，这一做法不仅对于人群的集聚、用地的整合有较为积极的作用，同时对于多功能的复合兼容，从而促进内部功能系统的良性微循环，也能部分打破其相对封闭的空间局面。最后是针对本身多功能混合的阴影区片区，对于这一类型，其功能构成以及量的配比最为关键，故而应采用动态调整的方式对其内部进行阶段性整改与重组，从而达到相对理想的对中心体系职能的承接状态。（图 6.6）

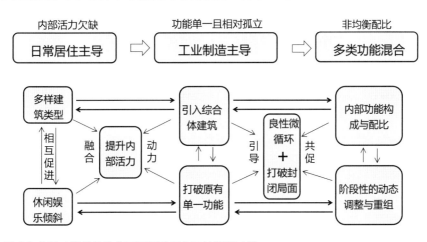

图 6.6 基于功能差异性的不同阴影区片区的消解对策

可见，城市阴影区负面效应的具体消解，受其自身主导功能类型的影响较大，而各类型建构出的阴影区空间规模则更多地受其邻近中心区的相对地位及辐射作用的影响。故而，对于不同功能类型主导的阴影区片区采用适宜的消解策略，是其形成更好的功能承接关系，从而提升活力、得到更大发展的重要前提。

6.3 城市阴影区时空维度的双重协同理想状态

事实上，"动态消解"是基于城市动态网络视角，针对城市阴影区负面效应，采用多种措施与方法展开时空维度双重协同。这是一个先从空间维度转换到时间维度，并经过时空维度的共同辐射与带动作用，最终落脚于空间本体层面的过程。城市阴影区发展的内核是其本体及与外围空间单元之间相互作用下带来的空间布局，更为准确地说是一种基于交互关联作用的空间关系配置。但不可否认的是，这也与时间密不可分，即此种空间关系配置必须加入时间要素而共同组成时空关系配置。且不管将阴影区置于何种空间尺度研究，对于时间维度的考虑都必不可少。

进而，在对动态网络视角下城市阴影区负面效应的"动态消解"思路转变以及措施途径解析的基础上，本节进一步对其作用机制下阴影区未来发展方向以及理想的发展状态进行深入探究。上文研究表明，在流动与联系的作用下，将城市阴影区放置于城市整体动态网络结构中，其所产生的负面效应能得到一定程度的消解，那么这一效应能否得以彻底消除？在这一机制的持续作用下，阴影区未来的发展状态会是什么样的？具体与城市其他空间单元的关系如何？在时空演变过程中最终会形成何种形态？

6.3.1 与中心体系的动态关联及网络联动发展

要探究城市阴影区未来的发展方向，首先需要追本溯源，从其最开始的基本定义讲起。总结前文对于阴影区的相关研究，本书认为将城市阴影区置于整体动态网络结构中，它是受邻近城市各类别中心区的集聚辐射影响而导致发展相对劣势，具体体现在要素流动、功能交换、外界联系等方面受阻，且进一步加剧城市整体空间体系的不平衡发展。由此可见，阴影区体系与城市中心体系的作用关系是其发展的关键所在。而传统研究视角对于两者之间的关系基本局限在空间关系上，在本书的动态网络视角下，这类空间关系实质上可以转换为一种时空关系，其中涉及的时间关联是基于两者发展速度的快与慢、成长阶段的先与后等因素形成的。在此基础上，随着城市中心体系的不断发展、城市整体的交通条件的不断改善，当城市阴影区与中心体系之间的时空关系转变为良性的动态关联及网络联动发展后，两种体系之间的相互作用及联系加强，人流、物流等各类流动要素在两者之间形成一种互通有无的联系，两者便联动形成一个互为促进、互为联动的一体化发展格局。

显而易见的是，这一发展格局成立的关键在于流动与联系，基础在于支撑动态关联与网络联动的实体与虚体联系，其中交通系统是绝对的流动支撑要素，而其他类基础设施系统也使得各类物质与非物质要素流动起来。在两种系统的合力作用下，城市动态网络的基底得以建构，人作为其中流动的根源动力也得以交流与活动。在这一基础背景之下，阴影区作为城市空间结构中的相对凹陷片区，其与包括城市中心体系在内的外围片区之间的人群流动、物质信息交换、资金流通等得以实现，这一方面有利于其功能的对外联通以及职能的相应转换，另一方面也是其更新改造或者再开发的主导诱因。其中，人是主体，与之相关的所有时空维度的流动与联系都是需要关注的对象。而且随着城市阴影区更新发展及其与中心体系之间的动态关联及网络联动发展格局的逐渐形成，两者之间职能分工与协作关系则会更加地明晰与协调，各中心区会更专注于生产性服务功能的发展与提升，而阴影区则会根据邻近中心区的实际需求承担其相应的溢出职能，如新街口中心区承担的是综合商业、商务办公、酒店服务等面向全市范围的生产型服务功能，而其邻近青石街阴影区、游府西街阴影区、火瓦巷阴影区等则根据与新街口中心区的相对距离及具体的承接关系分别以零售商业、日常居住、文化服务等生活型或者公益型服务功能为主。因此，从两者的综合关系来看，其整体的集聚规模及相互作用关系在具体发展过程中还需要进一步演化及提升，人群等各类要素的流动与联系也需要进一步加强，各自的功能配比及产业结构也有再优化的可能与空间，以期达到动态平衡的关联与联动理想格局。

而倘若这一格局形成，一方面能较好地疏解城市中心体系自身的交通、人群等压力，另一方面，其与阴影区体系共同发展形成的一体化集聚区也能形成更大的对外集聚与外溢作用力，从而对于城市整体的竞争力、服务能力以及对外影响力等均有较大的提升作用。这也反过来对于阴影区本身的发展具有积极的正面效应，从而形成一个良性的、动态的正相关循环。例如与上海相比，南京若要提升其城市发展水平及对外影响力，不仅需要将发展重心集中于其内部中心体系片区，而且要重视对于邻近阴影区体系负面效应的动态消解与联合联动发展，从而达到相互促进、共同进步与提高的理想结果。由此可见，在"动态消解"机制作用下，城市阴影区与中心体系的动态关联与网络联动发展格局，是一种有效的消解阴影区负面效应对其自身及周边片区的影响，同时反过来促进两者共同发展的方式，对于一体化发展片区乃至整个城市的区域竞争力、对外综合服务能力以及影响力均能有较大的提升作用。这不仅适用于南京，同时对于我国其他处于区域竞争中的各等级城市也有一定的参考意义。应考虑将城市阴影区的"动态消解"及与中心体系的联动发展，作为城市整体发展战略的一个重要部分。

6.3.2 空间结构模式的动态均衡化与协调化

在城市阴影区体系与中心体系之间形成动态关联以及网络联动发展的格局下，处于相对被引导地位的阴影区功能应得到进一步的优化，同时其空间结构模式的发展应更趋向于动态均衡化及协调化的发展特征。

城市阴影区体系与中心体系联动发展的理想状态在于互为整体的一体化发展态势，这在一定程度上能分担中心体系的内在压力，但更为重要的是，对于阴影区而言，其被带动作用则愈加明显与突出。在某一发展阶段下，阴影区则能根据自身优、劣势条件而发挥其适宜的主导功能，从而使其功能定位进一步清晰化，且与中心体系的联动合作更为高效化。而在时空演替的进程中，两者形成一种动态调整与互促的作用机制，使得各中心区可按照相应等级地位专注于其特色化的生产型服务职能，而同时阴影区自身的发展瓶颈也能在中心体系的带动下得以缓解甚至部分突破，从而更多地朝向专业化的生活型、生产型或者公益型服务功能发展。在此基础上，两者的共同发展既显示出一定的综合性特征，同时其各自的专业化发展路径也更加明确。

在当前动态网络的发展趋势背景下，全球化、信息化的支撑作用为生产运营、居民生活、职住通勤、休闲购物等带来了较大变革，同时也从社会、经济、文化、交通等方面提升了城市阴影区在整体城市当中的作用与地位。线上经济在互联网的驱动下逐步发展壮大，并在一定程度上撼动了实体经济，具体表现在零售商业的相对衰败与网上购物的兴盛如线上超市、网络外卖等，城市阴影区与其他片区的联系程度加大，而其邻近核心节点的区位优势在一定程度上得以提升。交通方面，随着城市发展建设，交通条件得到较大改善，轨道交通网络逐步形成，城市阴影的交通可达性劣势也愈发减弱，其位势条件带来了开发成本的降低，削弱了其开发难度。再者，相对核心节点，邻近的阴影区片区改造成本低，加之改善后的交通可达特性，使得阴影区成为核心节点在发展壮大过程中更新的优势地区，并可能成为核心节点的一部分，其发展劣势从而得以反转。具体而言，按照城市阴影区所处区位及发展阶段，其消解与重生的具体路径也划分为融入核心节点内部结构以及联动拓展成新外部增长极两种方式。融入核心节点内部结构是指位于多个城市节点之间的阴影区在其城市发展及更新带动下，向节点内部进行延伸，并最终演变为核心节点内部结构的一部分。在该种模式的带动下，城市中心区在规模及尺度上逐渐呈现出增大增强的发展态势，其中的阴影区的更新改造动力及相关利益者的开发意愿也变大，当两者均发展到一定程度，则形成一种融合的空间关系。随着两者的互补及互促发展，其形成的整体的极化效应也不断增强，对外围片区的资源等有利因素的集聚作用也不断发展，进而可能形成新的阴影区，酝酿新一轮的增长。这一模式也是多数情况下城市阴影区消解的主要方式，推动城市内部空间进一步集聚的演进。作为城市空间结构的一个重要带动板块，城市阴影区既要承接邻近节点的溢出功能，又要主动配套周边片区的发展需求，最终实现城市范围内的相对平衡空间发展。在这一过程中，其承受的影响是多重的，在各方力量的作用下，其联动能力也逐渐加强，也为其拓展成新外部增长极带来一定可能。此种模式中，业态、人流等有利要素的输入是关键，同时相关政策对这一片区的倾斜也是一个重要因素。在多种有利条件的支撑下，城市阴影区效应得以消减进而演化成新的片区增长极。在城市阴影区现象的消解过程中，城市核心片区的业态功能、形象风貌也实现了提档升级的转化过程。在信息化带动下，城市阴影区在与其他片区之间的竞合演替过程中往往表现出更大的主观能动作用，依托邻近核心节点及片区的联动机制得以重生。

正如上文所述，城市阴影区的"动态消解"实质上是"在时间维度上控制空间"，转化为规划术语，则是在阴影区对外流动联系作用机制下，控制其各个发展阶段所涉及的各种负面空间效应的发挥程度。可以预见，在未来的发展过程中，城市阴影区仍会不可避免地发挥一定的负面效应特征，但其具体职能将会进一步聚集，与中心区的交互作用也会进一步加强。进而，伴随着城市能级的提升以及影响力的扩大，两者间的功能主体与承接关系将会更加明晰与协调，从而使相互建构出的空间结构模式在动态演变中更为均衡与协调。最后，在"动态消解"机制作用下，虽然城市阴影区的负面效应很难得到全部消解，但它将逐步在城市这一多种正负因素叠加的新陈代谢过程中积极承担自己的职能，发挥相应的积极作用。

·结 语·

CONCLUSION

　　在数字化、全球化和知识化迅猛发展的今天，城市内部人流、物流、资金流、信息流等各要素间流动与联系增强，动态化与网络化逐步演化为城市内部空间结构的主体形态。城市阴影区是城市空间的一个重要组成部分，不能简单地将其作为消极空间而加以孤立，它对于城市整体的发展具有重要意义，需将其积极地融入整体动态网络结构中。这就带来城市阴影区从传统的静态等级向动态网络研究视角的转变。同时随着大数据的应用与新技术方法的创新，对于这一空间本体的重新认知与新的空间特征和规律的解析也成为可能，故而进一步刺激我们从多维度对城市阴影区进行深入审视。运用新城市科学的研究手段，遵循"以人为本"的研究理念，把握综合化与精细化相结合的研究趋向，以更加理性、科学、合理的方式分析包括城市阴影区在内的各类城市现象生成机制、发展规律、空间结构模式等，是当代规划研究学者的使命。本书研究仅仅是朝着这一方向迈出的一小步，希望以此为起点，向着更加精细化、智慧化、人本化、理性化的城市研究道路前进，以此面向未来更好的城市与生活！

· 附录 ·

附录 A　手机信令数据的清洗及与基本空间单元的落位方法

（1）手机信令数据可能出现的问题及相应解决措施

鉴于手机信令数据采集过程中可能发生的网络中断、环境干扰、系统故障、传输延迟等不良情况，不可避免带来一些无效数据，不利于后续进一步的数据分析研究，故将其中无效数据进行清除是整体分析的首要关键。根据本书研究所涉及的手机信令数据的具体情况，清洗程序主要包含三个方面，分别为字段缺失、数据缺失以及格式错误。

经过对整体数据的筛查，本书研究所采集到的手机信令数据字段缺失主要集中在经纬度信息的缺失。由于原始记录的位置信息是基站编号，根据其对应经纬度的字典可以关联到记录的位置，但信令数据出现有少量编号无法映射到经纬度字典中，因此无法得知用户所在的具体位置，故本书研究对这一问题采用的策略只能是删除缺失记录。同时，其中也存在因系统故障等原因而导致城市片区内部分基站所采集到的数据信息缺失情况，具体在南京手机信令数据中，11 月 10 日、14 日以及 19 日当中早上 6 点到 12 点时间段内数据缺失较为严重。如图 A-1 所示，将 11 月 15 日中正常采集数据作为对比基准，不难看出，其他三天均在早上 6 点到中午 12 点时间段呈现出用户数低值情况，这表明很多用户信息未能被采集到。进而向相关数据提供方反映及进行具体调查，查询到这三个时间日因上午时间段运营商系统维护升级而导致数据采集过程异常，故而这三天的数据无法作为基础研究数据。此外，在数据的采集传输或者接收储存过程中，部分字段可能出现记录方式不正常或者记录结果超出正常合理范围的情况，如其中某些数据内的时间戳（Timestamp）字段所记录的结果长度不是正常的 14 位数字或者时间段超出 2015/11/09 至 2015/11/22 范围，且无法进行修正或者推测，故而同样需要删除这部分数据。

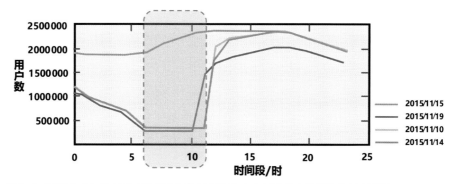

图 A-1 2015 年 11 月 10/14/15/19 三个时间日中南京手机信令数据缺失情况统计
资料来源：作者统计绘制。

（2）手机信令数据与空间形态的人群数量关联方法

信号基站作为手机信令数据对于相关用户空间位置统计的基本单元，能实时反映人群的集聚变化，其中本书研究所用数据对于人群数量的基本统计方法以小时为时间统计单位，且将各用户在时间单位内停留时间最长的基站视作其主要服务基站并纳入连接用户数量汇总。从而汇总获得各时间单位内各基站的用户数量。但由于基站在空间分布不均衡，而在城市阴影区空间研究的背景下，街区或地块才具有实际的空间意义，故而需要将各基站单元所辐射到的手机信令用户数据投影并相对合理地与空间单元进行关联。既有研究常用的方法主要包括道路叠加匹配法、栅格划分法以及二维用地关联法，三者的具体操作及优劣势比较如表 A-1 所示：

表 A-1 手机信令数据与空间数据的常用关联方法

方法	基本关联单元	具体操作	优势	劣势
道路叠加匹配法	道路缓冲区域	叠加各基站缓冲范围与道路空间，并提取出道路内部的用户，以此测算道路网格的观测矩阵和基站接收概率矩阵，最终按照最大似然向量所在网格来定位用户位置	适用于交通规划领域，所需基础数据少	精准度不高，存在较大偶然性
栅格划分法	空间栅格	将基站所承载的手机信令数据均匀分配至固定尺寸的空间栅格内并加以合并统计	不需要空间数据作为基底	仅适用于单一要素的人群空间分布测算且受栅格尺寸影响大
二维用地关联法	用地地块	基于基站点生成泰森多边形，并计算内部的手机用户密度，后与用地地块进行空间叠加并按照面积比例分配用户数	操作相对简易	未考虑建设强度与容量对于用户数量分布的不均衡影响

资料来源：作者根据相关资料整理。

基于此，史宜等 [1] 提出一种基于三维活动空间面积的手机信令空间关联计算方法，其中三维活动空间指的是包括建筑空间和室外公共空间在内的人群能进行各项活动的空间集合。这一方法的最基础操作单元也是泰森多边形及用地地块，具体的关联步骤如下：

步骤一：泰森多边形的生成

利用 ArcGIS 软件导入基础的基站点坐标信息，并转化为具有空间位置信息的点要素；同时用泰森多边形计算功能生成这些基站点的泰森多边形，并将其作为各基站的辐射范围，也是其空间服务范围（图 A-2）。

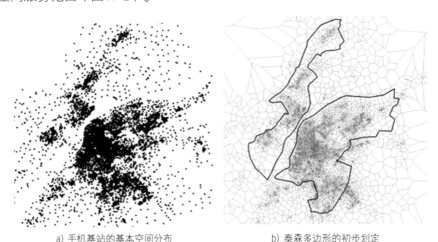

a) 手机基站的基本空间分布　　　　　b) 泰森多边形的初步划定

图 A-2 南京中心城区手机信令基站点及其泰森多边形的生成

资料来源：作者绘制。

步骤二：各基站小区的手机用户密度计算

这一步骤建立在各基站的空间服务范围内手机用户均匀分布的前提条件下，将各基站在一定时间段内所接收到的手机用户数量除以其空间服务范围便得到这一范围内的手机用户密度：

基站小区的手机用户密度 = 基站接收用户数 / 泰森多边形面积

步骤三：泰森多边形与用地地块的空间关联叠加

在 ArcGIS 软件中，采用相交（intersect）工具，将各基站的泰森多边形空间图层与用地地块图层进行空间相交，即可得到两者关联过后的空间碎片，同时这些碎片也带有其所属的基站小区的手机用户密度属性。

步骤四：各空间碎片手机用户数量的统计

---

① 史宜，杨俊宴 . 基于手机信令数据的城市人群时空行为密度算法研究 [J]. 中国园林，2009, 35(5):102-106.

　　首先需要统计各空间碎片的三维活动空间面积，这一统计的基础在于其固有用地性质及建筑属性，加权其中的建筑总面积与室外公共空间面积。在此基础上，同样假设手机用户在三维活动空间内也是均匀分布状态，故其中的手机用户数量是其中的三维活动空间面积与用户密度的乘积。

三维活动空间面积 = 建筑总面积 + 室外公共空间面积

各空间碎片手机用户量 = 碎片所属基站小区的手机用户密度 × 三维活动空间面积

　　步骤五：用地地块手机用户数量及密度的统计

　　将各用地地块内的空间碎片用户数量相加即则得到其中的总用户量，而将这一总量与地块面积进行除法则得到其用户密度。

各地块手机用户密度 = 地块内所有空间碎片手机用户数总合 / 地块面积

　　步骤六：各街区单元的手机用户数量的统计

　　将各街区单元内的用地地块的手机用户数量相加即得到街区的总用户数量，其用户密度的计算方法与上一步骤一致。

　　将信令基站数据与空间数据进行空间关联，即得到南京城市各街区空间单元在典型工作日与休息日中每日 24h 的地块人群活动总数及密度，叠加内部用地地块、建筑、道路等信息则构成了本书研究的一项综合数据库（图 A-3）。

(a) 10:00—12:00 老城内手机用户密度分布　　　(b)10:00—12:00 外围片区内手机用户密度分布

图 A-3 基于三维活动空间关联法的手机用户密度计算生成

资料来源：作者绘制。

附录 B　南京城市阴影区的基本现状情况

基于从动态网络视角下对于南京城市阴影区的空间界定，将各片区放置于其所处的城市环境，对其基础现状用地、三维空间形态、道路交通、人群构成等进行资料统计；同时结合实地踏勘，采集其不同时间段的现状实景照片。各阴影区的具体基本情况如表 B-1 所示：

表 B-1 南京城市阴影区各片区基本情况

湖南路阴影区			
	范围面积 /hm²	街区个数	邻近城市中心区	邻近主要道路
基本情况	28.48	3	湖南路节点	湖南路、中山北路
	周边道路：西邻中山北路，东靠中央路，南至湖南路，北面由西流湾、马台街以及童家巷三条道路围合而成。整体在区位上邻近湖南路中心区内高层集聚片区			
	重要因素：内部主要为拆迁后在建工地，邻近中央路街区含临时政府参议院旧址			
二三维影像图	 			

云南北路阴影区			
	范围面积 /hm²	街区个数	邻近城市中心区	邻近主要道路
基本情况	7.79	2	湖南路节点	中山北路、云南北路
	周边道路：西邻中山北路，东靠湖北路，两条路在国民政府旧址形成斜角交会，北面紧邻乐业村路，为城市支路。整体在区位上邻近湖南路中心区内高层集聚片区			
	重要因素：内部由国民政府旧址、居住区及其配套设施以及在建空地构成			
二三维影像图	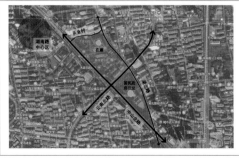 			

续表

颐和路阴影区

基本情况	范围面积 /hm²	街区个数	邻近城市中心区	邻近主要道路
	24.59	14	湖南路节点	北京西路、西康路
	周边道路：西邻西康路，东至宁海路，南靠北京西路，北面由颐和路和江苏路围合而成，整体邻近湖南路中心区			
	重要因素：内部以民国公馆遗留建筑为主，其中居住用地主导			

二三维影像图	
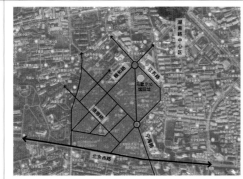	

估衣廊阴影区

基本情况	范围面积 /hm²	街区个数	邻近城市中心区	邻近主要道路
	4.19	1	新街口节点	洪武北路、长江路
	周边道路：由洪武北路和长江路两条重要的城市道路围合出其东南角，而西面及北面均为城市支路，对外可达性较高，但内部通达性相对弱			
	重要因素：内部以老旧居住小区及生活类服务设施为主			

二三维影像图	
	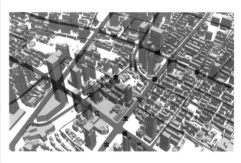

续表

慈悲社阴影区			

	范围面积 /hm²	街区个数	邻近城市中心区	邻近主要道路
基本情况	12.58	2	新街口节点	华侨路、上海路

基本情况	周边道路：北面紧靠华侨路，西面紧邻上海路，均为城市主干道；但东南面则由城市支路围合而成，其中南面邻接大铜银巷和沈举人巷，东面为小区内部道路
	重要因素：以老旧小区及相关改造过后的历史建筑群为主

二三维影像图	 

青石街阴影区			

	范围面积 /hm²	街区个数	邻近城市中心区	邻近主要道路
基本情况	7.48	2	新街口节点	洪武北路、中山东路

基本情况	周边道路：西面紧邻德基广场，其他三面由长江路、洪武北路及中山东路围合而成，三条道路均为城市主干道
	重要因素：以老旧小区及拆迁改造片区为主

二三维影像图	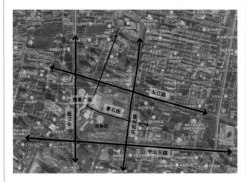 

火瓦巷阴影区				
基本情况	范围面积 /hm²	街区个数	邻近城市中心区	邻近主要道路
	28.61	5	新街口节点	户部街、太平南路
	周边道路：北面邻近常府街，南面靠近白下路，东西面分别由火瓦巷及长白街围合而成，且太平南路穿越整体片区			
	重要因素：内部由老旧小区、配套中小学、空置用地以及公园构成			
二三维影像图				

游府西街阴影区				
基本情况	范围面积 /hm²	街区个数	邻近城市中心区	邻近主要道路
	18.18	6	新街口节点	中山东路、洪武北路
	周边道路：北面邻接中山东路，南面对接常府街，西面为抄纸巷，东面部分邻近太平南路，整体形态相对破碎			
	重要因素：主要以老旧小区及配套生活服务设施构成，如科巷菜市场、江南剧院等			
二三维影像图				

续表

升州路阴影区			

基本情况	范围面积 /hm²	街区个数	邻近城市中心区	邻近主要道路
	34.35	14	夫子庙节点	升州路、鼎新路
	周边道路：南面为升州路，西面邻接莫愁路，两者均属于城市主干道，北面邻近七家湾，东面靠近大板巷，均为城市支路			
	重要因素：内部以城南民居建筑为主，其中穿插古玩市场、第五中学等；同时部分片区进行了重新开发建设，如万科安品园舍项目			

二三维影像图	 

建康路阴影区			

基本情况	范围面积 /hm²	街区个数	邻近城市中心区	邻近主要道路
	9.64	1	夫子庙节点	白下路、建康路
	周边道路：整体为三角状片区，南面邻接建康路，西面靠近太平南路，而北面则临河，由一条小路围合而成			
	重要因素：内部有夫子庙地铁站，以在建用地为主			

二三维影像图	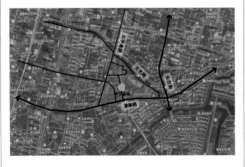 

安德门阴影区			

	范围面积 /hm²	街区个数	邻近城市中心区	邻近主要道路
基本情况	109.7	6	夫子庙节点	内环南线、凤台南路
	周边道路：秦淮河横跨这一片区，其中西南面分别由凤台路和应天大街两条城市快速路围合而成，北面靠近集庆路，且中山南路南北穿越该片区			
	重要因素：内部包含处于建设中的越城天地、集庆门医院、愚园以及其他待建片区			

二三维影像图		

五塘广场阴影区			

	范围面积 /hm²	街区个数	邻近城市中心区	邻近主要道路
基本情况	323.59	1	五塘广场次级节点	幕府东路
	周边道路：该片区位于城市北部，北面邻接栖霞大道，东西分别由和燕路以及五佰村路围合而成，而南面则相对破碎，靠近北崮山路等城市支路			
	重要因素：以空置绿地为主，在与城市道路邻接处存有居住小区、批发市场等			

二三维影像图		

续表

清凉门阴影区			

	范围面积 /hm²	街区个数	邻近城市中心区	邻近主要道路
基本情况	15.93	1	河西节点	清凉门大街、江东快速路
	周边道路：位于河西片区中部，东面紧邻江东快速路，北面靠近湘江路，南面邻接清凉门大街			
	重要因素：由空置待建用地、居住用地及银城小学组成			
二三维影像图				

凤台南路阴影区			

	范围面积 /hm²	街区个数	邻近城市中心区	邻近主要道路
基本情况	289.6	12	河西节点	凤台南路、软件大道
	周边道路：东面靠近凤台南路，为城市快速路，南面邻接楠溪江东街，牡丹江街、奥体大街均为其中东西向道路			
	重要因素：内部以厂房建筑群以及在建用地为主			
二三维影像图				

续表

百家湖阴影区

	范围面积 /hm²	街区个数	邻近城市中心区	邻近主要道路
基本情况	9.33	5	百家湖外围节点	双龙大道、天元西路
	周边道路：西面邻近双龙大道，南面靠近天元中路，北面为池田路，而东面由临河小路围合而成			
	重要因素：内部主要为各工业厂房，其中江宁开发区总部基地坐落于此			

二三维影像图	 

科宁路阴影区

	范围面积 /hm²	街区个数	邻近城市中心区	邻近主要道路
基本情况	162.68	11	百家湖外围节点	南京绕城高速、天元东路
	周边道路：北面邻近科建路，南面为诚信大道，西面靠近竹山路，东面为天印大道，为城市主干道			
	重要因素：内部主要为各工业厂房片区			

二三维影像图	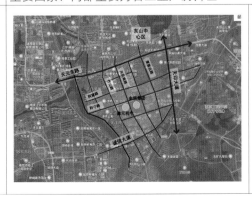 —

续表

六合片区阴影区			
	范围面积 /hm²	街区个数	邻近城市中心区	邻近主要道路

基本情况	范围面积 /hm²	街区个数	邻近城市中心区	邻近主要道路
	149.28	4	六合外围节点	方州路、延安北路
	周边道路：北面和东面分别由方州路和延安北路围合而成，南面邻接园林西路			
	重要因素：内部主要由居住小区及配套学校等公共服务设施构成			
二三维影像图	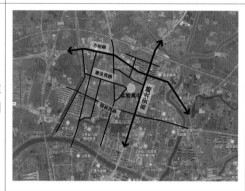		—	

浦口片区阴影区			

基本情况	范围面积 /hm²	街区个数	邻近城市中心区	邻近主要道路
	16.52	3	浦口外围节点	沪陕高速、龙华路
	周边道路：东南面为文德东路，是江浦片区的主要干道之一，北面邻近公园北路，整体为三角围合形态			
	重要因素：内部以居住小区、高中及待建用地混杂而成			
二三维影像图	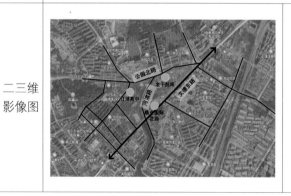		—	

续表

仙林片区阴影区			
	范围面积 /hm²	街区个数	邻近城市 中心区	邻近主要道路

基本 情况	范围面积 /hm²	街区个数	邻近城市 中心区	邻近主要道路
	69.22	7	仙林外围节点	仙林大道、文苑路
	周边道路：南面紧邻仙林大道，为片区主要城市干道之一，北面邻接文苑路			
	重要因素：以金鹰奥莱城及其附属景观设施为主导			
二三维 影像图	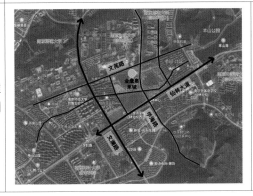			—

资料来源：作者根据相关资料整理绘制。

附录 C 典型工作日与休息日的人群密度时空分布

（1）南京城市中心城区平均人群密度空间分布动态变化（图 C-1）

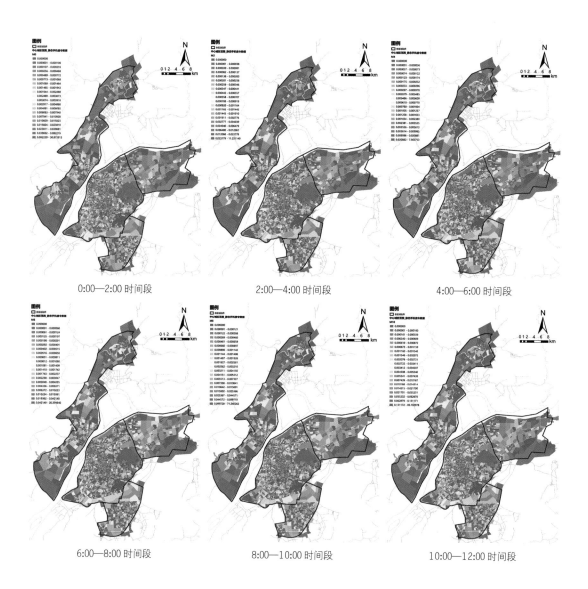

0:00—2:00 时间段   2:00—4:00 时间段   4:00—6:00 时间段

6:00—8:00 时间段   8:00—10:00 时间段   10:00—12:00 时间段

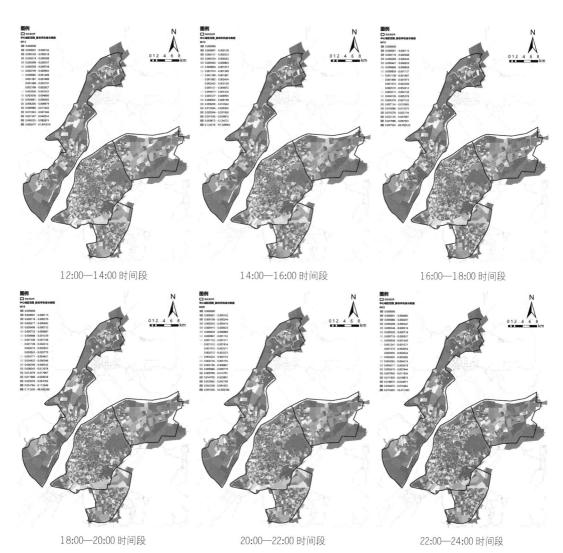

12:00—14:00 时间段　　　　　14:00—16:00 时间段　　　　　16:00—18:00 时间段

18:00—20:00 时间段　　　　　20:00—22:00 时间段　　　　　22:00—24:00 时间段

图 C-1 南京城市中心城区平均人群密度空间分布

注：颜色由冷到暖的变化表示人群密度由低到高的转变。

（2）各阴影区片区在四个典型时间段与核心片区的联系强度变化统计（表C-1、表C-2）

表C-1 各城市阴影区在工作日与休息日的不同时间段与核心片区之间的联系强度

阴影区名称	不同日期	夜间低谷段	早间高峰段	午间休憩段	晚间高峰段
湖南路阴影区	工作日	183	1 976	1 860	1 974
	休息日	162	1 256	1 494	1 628
云南北路阴影区	工作日	272	1 952	2 413	2 653
	休息日	272	1 706	2 109	2 216
颐和路阴影区	工作日	23	194	251	219
	休息日	31	173	131	163
慈悲社阴影区	工作日	188	1 953	1 956	1 883
	休息日	206	1 325	1 083	1 144
估衣廊阴影区	工作日	44	51	78	92
	休息日	6	64	39	61
青石街阴影区	工作日	161	2 043	2 554	2 723
	休息日	181	1 437	2 435	2 822
游府西街阴影区	工作日	8	145	169	176
	休息日	18	162	210	271
火瓦巷阴影区	工作日	145	1 545	1 461	1 747
	休息日	170	1 151	1 021	1 202
升州路阴影区	工作日	8	115	94	87
	休息日	10	99	72	68
建康路阴影区	工作日	357	3 502	3 135	1 303
	休息日	343	2 773	2 376	2 976
安德门阴影区	工作日	5	79	60	70
	休息日	2	64	75	54
五塘广场阴影区	工作日	71	378	256	294
	休息日	36	330	247	231
清凉门阴影区	工作日	4	77	32	49
	休息日	3	68	35	37

阴影区名称	不同日期	夜间低谷段	早间高峰段	午间休憩段	晚间高峰段
凤台南路阴影区	工作日	207	2 433	1 549	1 823
	休息日	179	1 297	1 154	1 276
六合片区阴影区	工作日	27	385	289	338
	休息日	32	299	238	260
百家湖阴影区	工作日	153	2 317	1 569	2 033
	休息日	134	1 630	1 246	1 737
科宁路阴影区	工作日	3	45	50	58
	休息日	7	50	37	43
仙林片区阴影区	工作日	94	737	620	922
	休息日	108	690	642	726
浦口片区阴影区	工作日	171	1 957	2 067	2 422
	休息日	127	1 560	1 522	1 931

资料来源：作者整理。

表 C-2 各城市阴影区在工作日与休息日的内部联系强度

阴影区名称	不同日期	夜间低谷段	早间高峰段	午间休憩段	晚间高峰段
湖南路阴影区	工作日	32	317.33	327.33	379
	休息日	29.33	218	215.33	275
云南北路阴影区	工作日	3	24	34.5	18
	休息日	2.5	19	14.5	15
颐和路阴影区	工作日	—	1.79	2.29	3.14
	休息日	—	1.43	1.79	1.64
慈悲社阴影区	工作日	32.5	383.5	430	284.5
	休息日	35	246	188	181
估衣廊阴影区	工作日	—	—	—	—
	休息日	—	—	—	—
青石街阴影区	工作日	—	—	—	—
	休息日	—	—	—	—
游府西街阴影区	工作日	3.17	16.5	16.83	14.17
	休息日	2.5	10.5	7.67	9.33
火瓦巷阴影区	工作日	5.2	89.8	81.4	86.8
	休息日	5.6	39.8	50.4	51.2
升州路阴影区	工作日	1.71	25.57	33.79	21.36
	休息日	1.43	28.64	29.5	21.14
建康路阴影区	工作日	—	—	—	—
	休息日	—	—	—	—
安德门阴影区	工作日	—	—	—	—
	休息日	—	—	—	—
五塘广场阴影区	工作日	—	—	—	—
	休息日	—	—	—	—
清凉门阴影区	工作日	—	—	—	—
	休息日	—	—	—	—
凤台南路阴影区	工作日	115.64	1073.29	806.43	990.21
	休息日	119.29	799.93	623.21	689.57

阴影区名称	不同日期	夜间低谷段	早间高峰段	午间休憩段	晚间高峰段
六合片区阴影区	工作日	—	—	—	—
	休息日	—	—	—	—
百家湖阴影区	工作日	73.2	593.4	509	430.8
	休息日	68.6	336.6	265.4	308.2
科宁路阴影区	工作日	24.27	229.73	211.64	171.36
	休息日	26	135.27	108.91	100.73
浦口片区阴影区	工作日	—	4	2.67	2.33
	休息日	—	7	2	3.67

资料来源：作者整理。

内容简介

本书在总结城市阴影区、动态网络和智慧城市等理论基础上，探讨了信息时代城市阴影区时空演化模式与机制的理论框架。利用空间形态大数据、手机信令大数据与实地踏勘及访谈小数据结合等多源数据，对城市阴影区空间边界进行精细化识别，进而研究其位于城市整体动态网络节点的时空演化模式，探讨其背后的影响机制。提出"动态消解"的整体思路，以及面向智慧城市的管理策略。研究拓展了城市阴影区的更新理论方法，提出了基于动态网络的城市阴影区时空演化研究框架，进一步深化了城市阴影区和智慧城市理论。

本书可供城市规划、智慧城市、社会学领域的学者和政府决策人员参考。

图书在版编目（CIP）数据

洞察：城市阴影区时空演化模式与机制 / 熊伟婷，
杨俊宴著. -- 南京：东南大学出版社，2024.3
　（城市设计研究 / 杨俊宴主编. 数字·智能城市研究）
　ISBN 978-7-5766-1057-4

　Ⅰ.①洞… Ⅱ.①熊… ②杨…Ⅲ.①城市规划—研究 Ⅳ.①TU984

中国国家版本馆CIP数据核字（2023）第237660号

责任编辑：丁　丁　　责任校对：子雪莲　　书籍设计：小舍得　　责任印制：周荣虎

洞察：城市阴影区时空演化模式与机制
Dongcha: Chengshi Yinyingqu Shikong Yanhua Moshi Yu Jizhi

著　　　者	熊伟婷　杨俊宴	
出 版 发 行	东南大学出版社	
社　　　址	南京市四牌楼 2 号　　邮编：210096　　电话：025-83793330	
出 版 人	白云飞	
网　　　址	http://www.seupress.com	
电 子 邮 件	Press@seupress.com	
经　　　销	全国各地新华书店	
印　　　刷	南京爱德印刷有限公司	
开　　　本	787 mm × 1092 mm　1/16	
印　　　张	15.25	
字　　　数	300千字	
版　　　次	2024年3月第1版	
印　　　次	2024年3月第1次印刷	
书　　　号	ISBN 978-7-5766-1057-4	
定　　　价	168.00元